石油企业岗位练兵手册

锅炉运行值班员

大庆油田有限责任公司 编

石油工业出版社

内 容 提 要

本书采用问答形式，对锅炉运行值班员应掌握的知识和技能进行了详细介绍。主要内容可分为基本素养、基础知识、基本技能三部分。基本素养包括企业文化、发展纲要和职业道德等内容，基础知识包括与工种岗位密切相关的专业知识和 HSE 知识等内容，基本技能包括操作技能和常见故障判断处理等内容。本书适合锅炉运行值班员阅读使用。

图书在版编目（CIP）数据

锅炉运行值班员 / 大庆油田有限责任公司编 . —北京：石油工业出版社，2023.7

（石油企业岗位练兵手册）

ISBN 978-7-5183-6086-4

Ⅰ.①锅… Ⅱ.①大… Ⅲ.①锅炉运行–技术手册 Ⅳ.①TK227-62

中国国家版本馆 CIP 数据核字（2023）第 123490 号

出版发行：石油工业出版社
　　　　　（北京市朝阳区安华里 2 区 1 号楼　100011）
　　　　　网　　址：www.petropub.com
　　　　　编辑部：（010）64251613
　　　　　图书营销中心：（010）64523633
经　　销：全国新华书店
印　　刷：北京中石油彩色印刷有限责任公司

2023 年 8 月第 1 版　2023 年 8 月第 1 次印刷
880×1230 毫米　开本：1/32　印张：6.125
字数：150 千字
定价：40.00 元
（如出现印装质量问题，我社图书营销中心负责调换）
版权所有，翻印必究

《锅炉运行值班员》编委会

主　　任：陶建文
执行主任：李钟磬
副 主 任：夏克明　宋宝成
委　　员：全海涛　崔　伟　张智博　武　威　袁志芳
　　　　　宋丽娜　王　平　杨　鑫　高　楠

《锅炉运行值班员》编审组

孟庆祥	李　馨	王恒斌	常　城	吕宝安	时均胜
吴成涛	王彦昌	邓　勇	翟英博	张立军	李吉祥
冯　德	赵　阳	于海龙	王　辉	辛建全	陈荣和
殷智勇	金忠厚	宫显辉	张华琪	姜玖志	鲁秋石
温　博					

前言

岗位练兵是大庆油田的优良传统,是强化基本功训练、提升员工素质的重要手段。新时期、新形势下,按照全面加强"三基"工作的有关要求,为进一步强化和规范经常性岗位练兵活动,切实提高基层员工队伍的基本素质,按照"实际、实用、实效"的原则,大庆油田有限责任公司人事部组织编写、修订了基层员工《石油企业岗位练兵手册》丛书。围绕提升政治素养和业务技能的要求,本套丛书架构分为基本素养、基础知识、基本技能三部分,基本素养包括企业文化(大庆精神铁人精神、优良传统)、发展纲要和职业道德等内容;基础知识包括与工种岗位密切相关的专业知识和HSE知识等内容;基本技能包括操作技能和常见故障判断处理等内容。本套丛书的编写,严格依据最新行业规范和技术标准,同时充分结合目前专业知识更新、生产设备调整、操作工艺优化等实际情况,具有突出的实用性和规范性的特点,既能作为基层开展岗位练兵、提高业务技能的实用教材，也可以作为员工岗位自学、单位开展技能竞赛的参考资料。

希望各单位积极应用，充分发挥本套丛书的基础性作用，持续、深入地抓好基层全员培训工作，不断提升员工队伍整体素质，为实现公司科学发展提供人力资源保障。同时，希望各单位结合本套丛书的应用实践，对丛书的修改完善提出宝贵意见，以便更好地规范和丰富丛书内容，为基层扎实有效地开展岗位练兵活动提供有力支撑。

大庆油田有限责任公司人事部

2023 年 4 月 28 日

目录

第一部分 基本素养

一、企业文化 …………………………………………… 001

(一) 名词解释 ………………………………………… 001

1. 石油精神 ………………………………………… 001
2. 大庆精神 ………………………………………… 001
3. 铁人精神 ………………………………………… 001
4. 三超精神 ………………………………………… 002
5. 艰苦创业的六个传家宝 ………………………… 002
6. 三要十不 ………………………………………… 002
7. 三老四严 ………………………………………… 002
8. 四个一样 ………………………………………… 002
9. 思想政治工作"两手抓" ………………………… 003
10. 岗位责任制管理 ………………………………… 003
11. 三基工作 ………………………………………… 003

12. 四懂三会 …………………………………………… 003
　　13. 五条要求 …………………………………………… 004
　　14. 会战时期"五面红旗" ……………………………… 004
　　15. 新时期铁人 ………………………………………… 004
　　16. 大庆新铁人 ………………………………………… 004
　　17. 新时代履行岗位责任、弘扬严实作风"四条
　　　　要求" ……………………………………………… 004
　　18. 新时代履行岗位责任、弘扬严实作风"五项
　　　　措施" ……………………………………………… 004
（二）问答 ……………………………………………………… 004
　　1. 简述大庆油田名称的由来。………………………… 004
　　2. 中共中央何时批准大庆石油会战？………………… 004
　　3. 什么是"两论"起家？……………………………… 005
　　4. 什么是"两分法"前进？…………………………… 005
　　5. 简述会战时期"五面红旗"及其具体事迹。……… 005
　　6. 大庆油田投产的第一口油井和试注成功的第一口
　　　 水井各是什么？……………………………………… 006
　　7. 大庆石油会战时期讲的"三股气"是指什么？…… 006
　　8. 什么是"九热一冷"工作法？……………………… 006
　　9. 什么是"三一""四到""五报"交接班法？…… 006
　　10. 大庆油田原油年产 5000 万吨以上持续稳产的时间
　　　　是哪年？…………………………………………… 006
　　11. 大庆油田原油年产 4000 万吨以上持续稳产的时间
　　　　是哪年？…………………………………………… 007

12. 中国石油天然气集团有限公司企业精神是什么? ……007
13. 中国石油天然气集团有限公司的主营业务是什么? ……007
14. 中国石油天然气集团有限公司的企业愿景和价值追求分别是什么? ……007
15. 中国石油天然气集团有限公司的人才发展理念是什么? ……007
16. 中国石油天然气集团有限公司的质量安全环保理念是什么? ……007
17. 中国石油天然气集团有限公司的依法合规理念是什么? ……008

二、发展纲要 ……008

(一) 名词解释 ……008

1. 三个构建 ……008
2. 一个加快 ……008
3. 抓好"三件大事" ……008
4. 谱写"四个新篇" ……008
5. 统筹"五大业务" ……008
6. "十四五"发展目标 ……008
7. 高质量发展重要保障 ……008

(二) 问答 ……009

1. 习近平总书记致大庆油田发现60周年贺信的内容是什么? ……009

2. 当好标杆旗帜、建设百年油田的含义是什么？ …… 009

3. 大庆油田60多年的开发建设取得的辉煌历史有哪些？ …………………………………………………… 010

4. 开启建设百年油田新征程两个阶段的总体规划是什么？ ………………………………………………… 010

5. 大庆油田"十四五"发展总体思路是什么？ ……… 010

6. 大庆油田"十四五"发展基本原则是什么？ ……… 011

7. 中国共产党第二十次全国代表大会会议主题是什么？ …………………………………………………… 011

8. 在中国共产党第二十次全国代表大会上的报告中，中国共产党的中心任务是什么？ ………………… 011

9. 在中国共产党第二十次全国代表大会上的报告中，中国式现代化的含义是什么？ …………………… 011

10. 在中国共产党第二十次全国代表大会上的报告中，两步走是什么？ ……………………………………… 012

11. 在中国共产党第二十次全国代表大会上的报告中，"三个务必"是什么？ ……………………………… 012

12. 在中国共产党第二十次全国代表大会上的报告中，牢牢把握的"五个重大原则"是什么？ …………… 012

13. 在中国共产党第二十次全国代表大会上的报告中，十年来，对党和人民事业具有重大现实意义和深远意义的三件大事是什么？ …………………… 012

14. 在中国共产党第二十次全国代表大会上的报告中，坚持"五个必由之路"的内容是什么？ ………… 012

三、职业道德 ……………………………………… 013

（一）名词解释 …………………………………… 013
1. 道德 …………………………………………… 013
2. 职业道德 ……………………………………… 013
3. 爱岗敬业 ……………………………………… 013
4. 诚实守信 ……………………………………… 013
5. 劳动纪律 ……………………………………… 013
6. 团结互助 ……………………………………… 013

（二）问答 ………………………………………… 014
1. 社会主义精神文明建设的根本任务是什么？ … 014
2. 我国社会主义道德建设的基本要求是什么？ … 014
3. 为什么要遵守职业道德？ …………………… 014
4. 爱岗敬业的基本要求是什么？ ……………… 014
5. 诚实守信的基本要求是什么？ ……………… 014
6. 职业纪律的重要性是什么？ ………………… 015
7. 合作的重要性是什么？ ……………………… 015
8. 奉献的重要性是什么？ ……………………… 015
9. 奉献的基本要求是什么？ …………………… 015
10. 企业员工应具备的职业素养是什么？ ……… 015
11. 培养"四有"职工队伍的主要内容是什么？ … 015
12. 如何做到团结互助？ ………………………… 015
13. 职业道德行为养成的途径和方法是什么？ … 016
14. 员工违规行为处理工作应当坚持的原则是什么？ … 016
15. 对员工的奖励包括哪几种？ ………………… 016

16. 员工违规行为处理的方式包括哪几种？ ············· 016
17.《中国石油天然气集团公司反违章禁令》有哪些规定？ ··· 016

第二部分　基础知识

一、专业知识 ··· 018
　（一）名词解释 ··· 018
　　1. 锅炉 ··· 018
　　2. 工质 ··· 018
　　3. 压力 ··· 018
　　4. 温度 ··· 018
　　5. 比热容 ··· 018
　　6. 负压 ··· 018
　　7. 锅炉蒸汽参数 ··· 018
　　8. 锅炉效率 ·· 018
　　9. 额定蒸发量 ··· 019
　　10. 汽化 ··· 019
　　11. 沸腾 ··· 019
　　12. 饱和蒸汽 ·· 019
　　13. 过热蒸汽 ·· 019
　　14. 自然水循环 ·· 019
　　15. 强制循环 ·· 019
　　16. 锅炉容量 ·· 019

17. 锅炉排污 ································· 019
18. 连续排污 ································· 019
19. 定期排污 ································· 019
20. 排污率 ··································· 020
21. 完全燃烧 ································· 020
22. 不完全燃烧 ······························· 020
23. 过剩空气系数 ····························· 020
24. 再热器 ··································· 020
25. 锅炉蒸发量和锅炉容量 ····················· 020
26. 高温腐蚀 ································· 020
27. 锅炉热效率 ······························· 020
28. 排烟热损失 ······························· 020
29. 化学不完全燃烧热损失 ····················· 020
30. 机械不完全燃烧热损失 ····················· 020
31. 散热损失 ································· 020
32. 灰渣物理热损失 ··························· 021
33. 烟气露点 ································· 021
34. 低温腐蚀 ································· 021
35. 朗肯循环 ································· 021
36. 热传导 ··································· 021
37. 水循环 ··································· 021
38. 一次风 ··································· 021
39. 二次风 ··································· 021
40. 磨煤出力 ································· 021
41. 折焰角 ··································· 022
42. 锅炉受热面吹灰 ··························· 022
43. 前屏过热器 ······························· 022

44. 后屏过热器 …… 022
45. 滑参数启动 …… 022
46. 滑参数停运 …… 022
47. 锅炉炉膛 …… 022
48. 引风机 …… 022
49. 送风机 …… 022
50. 粗粉分离器 …… 022
51. 省煤器 …… 022
52. 水冷壁 …… 023
53. 尾部受热面 …… 023
54. 烟道再燃烧 …… 023
55. 汽水系统 …… 023
56. 燃烧系统 …… 023
57. 挥发分 …… 023
58. 闪点 …… 023
59. 元素分析 …… 023
60. 工业分析 …… 023
61. 变形温度 …… 023
62. 软化温度 …… 023
63. 过量空气系数 …… 024
64. 煤粉自燃 …… 024
65. 煤粉经济细度 …… 024
66. 防爆门 …… 024
67. 烟气再循环 …… 024
68. 回转式空气预热器 …… 024
69. 热风再循环 …… 024
70. 热力循环 …… 024

71. 热力学第一定律……………………………………024
72. 热力学第二定律…………………………………… 025
73. 蠕变……………………………………………… 025
74. 锅炉效率………………………………………… 025
75. 定压运行………………………………………… 025
76. 变压运行………………………………………… 025
77. 锅炉跟随方式…………………………………… 025
78. 汽机跟随方式…………………………………… 025
79. 煤粉完全燃烧的三个阶段……………………… 025

(二) 问答………………………………………………… 025
1. 风机的轴承温度有何规定？…………………… 025
2. 受热面积灰有什么危害？……………………… 025
3. 汽包的作用有哪些？…………………………… 026
4. 水压试验的合格标准是什么？………………… 026
5. 水冷壁的作用是什么？………………………… 026
6. 影响汽温变化的因素有哪些？………………… 026
7. 蒸汽推动的作用是什么？……………………… 027
8. 锅炉吹灰的目的是什么？……………………… 027
9. 锅炉排污有哪几种？…………………………… 027
10. 锅炉主要的热损失有哪几种？哪种热
    损失最大？……………………………………… 027
11. 锅炉中的"锅"的作用和组成设备有哪些？… 027
12. 锅炉中的"炉"的作用和组成设备有哪些？… 028
13. 什么是直吹式制粉系统？……………………… 028
14. 直吹制粉系统的优、缺点有哪些？…………… 028
15. 防爆门的作用是什么？………………………… 028

16. 空气预热器的作用和型式分类有哪些？…………… 028
17. 锅炉三大安全附件有哪些？……………………… 028
18. 煤粉燃烧分哪几个阶段？………………………… 028
19. 煤粉燃烧各阶段有哪些特点？…………………… 029
20. 如何做水位计的检修措施？……………………… 029
21. 煤粉燃烧器的作用有哪些？……………………… 029
22. 受热面结焦积灰对锅炉汽温有哪些影响？……… 029
23. 汽包壁温差过大有什么危害？…………………… 029
24. 锅炉漏风对排烟温度和排烟量有什么影响？…… 030
25. 水的汽化方式有哪几种？………………………… 030
26. 过热器的热偏差有何危害？……………………… 030
27. 磨煤机停止运行时，为什么必须抽（吹）
    净余粉？………………………………………… 030
28. 炉底漏入冷风后，为什么会使过热汽温升高？… 030
29. 如何防止和减少热偏差？………………………… 031
30. 受热面结渣对汽包锅炉的过热汽温有何影响？… 031
31. 滑参数启、停机组有何优越性？………………… 031
32. 滑参数停炉过程中有哪些注意事项？…………… 032
33. 锅炉启动前炉膛通风的目的是什么？…………… 032
34. 什么是排烟热损失？影响其损失的主要
    因素有哪些？…………………………………… 032
35. 为什么要限制磨煤机出口气粉混合物的温度？… 032
36. 过热器有几种型式？它们分别位于炉内
    什么部位？……………………………………… 033
37. 锅炉蒸发设备的作用如何？它由哪些部件
    组成？…………………………………………… 033

38. 金属的超温与过热两者之间有什么关系？………… 033
39. 汽包水位的重要性是什么？………………………… 033
40. 回转式空气预热器工作原理是什么？…………… 033
41. 锅炉水压试验有几种？试验的目的是什么？…… 034
42. 炉膛负压过大、过小有何危害？………………… 034
43. 锅炉运行调整的主要任务是什么？……………… 034
44. 锅炉结焦的危害有哪些？………………………… 034
45. 锅炉启动过程中如何保护省煤器？……………… 034
46. 安全门的作用是什么？…………………………… 035
47. 直吹式制粉系统有何优点？……………………… 035
48. 轴承箱油位高、低有哪些危害？………………… 035
49. 风机冷却水管堵如何处理？……………………… 035
50. 冷炉上水对上水温度、时间如何规定？………… 035
51. 对流过热汽温如何随负荷变化？………………… 036
52. 何为热态启动？…………………………………… 036
53. 回转式空气预热器优缺点有哪些？……………… 036
54. 过热蒸汽、再热蒸汽温度调整方法有哪些？…… 036
55. 如何冲洗汽包水位计？…………………………… 036
56. 汽包水位高的现象有哪些？……………………… 037
57. 轴流风机的工作特点是什么？…………………… 037
58. 运行中减少锅炉排烟损失的措施是什么？……… 037
59. 燃烧调整的基本要求有哪些？…………………… 037
60. 空气预热器产生低温腐蚀的原因？……………… 038
61. 空气预热器低温腐蚀的危害有哪些？…………… 038
62. 影响空气预热器低温腐蚀的因素有哪些？……… 038
63. 再热器的作用有哪些？…………………………… 038

64. 煤粉达到迅速而又完全燃烧必须具备哪些条件？ ………………………………………… 038
65. 煤粉气流着火点的远近与哪些因素有关？ ……… 039
66. 煤粉气流的着火温度与哪三个因素有关？它们对其影响如何？ ………………………………… 039
67. 投入油枪时应注意的问题有哪些？ ……………… 039
68. 如何利用减温水对汽温进行调整？ ……………… 039
69. 尾部烟道再燃烧的现象有哪些？ ………………… 040
70. 煤粉锅炉的积灰及结渣对锅炉运行有何危害？ … 040
71. 制粉系统漏风过程对锅炉有何危害？ …………… 040
72. 褐煤的燃料特性是什么？ ………………………… 040
73. 膜式水冷壁有什么优点？ ………………………… 040
74. 电接点水位计的工作原理是什么？ ……………… 041
75. 轴承润滑油的作用是什么？ ……………………… 041
76. 转动机械轴承温度升高的原因有哪些？ ………… 041
77. 锅炉运行技术经济指标有哪些？ ………………… 042
78. 冲洗水位计时注意什么？ ………………………… 042
79. 汽包壁温温差规定值是多少？温差过大的危害是什么？ ……………………………………… 042
80. 怎样从火焰变化看燃烧？ ………………………… 042
81. 启炉过程中过热蒸汽温度低的原因有哪些？ …… 043
82. 锅炉什么情况下易出现虚假水位？ ……………… 043
83. 锅炉负荷的变化对汽包水位有何影响？ ………… 043
84. 如何进行汽包水位调整？ ………………………… 044
85. 锅炉低负荷运行时的注意事项？ ………………… 044
86. 热工四级保护试验内容是什么？ ………………… 044

87. 锅炉停炉后为什么要开启过热器疏水阀门或对空排汽阀门？ …… 044

二、HSE 知识 …… 045

（一）名词解释 …… 045

1. 燃烧 …… 045
2. 闪燃 …… 045
3. 自燃 …… 045
4. 着火 …… 045
5. 爆燃 …… 045
6. 爆炸极限 …… 045
7. 火灾 …… 045
8. 冷却法 …… 045
9. 窒息法 …… 046
10. 隔离法 …… 046
11. 特种设备 …… 046
12. 作业许可 …… 046
13. 风险 …… 046
14. 危险 …… 046
15. 风险评价 …… 046
16. 风险控制 …… 046
17. 进入受限空间作业 …… 046
18. 临时用电作业 …… 046
19. 工作前安全分析 …… 047
20. 事故 …… 047
21. 两书一表 …… 047
22. 属地 …… 047

23. 属地管理 …………………………………………… 047
24. 事件 ……………………………………………… 047
（二）问答 …………………………………………… 047
　1. 燃烧分为哪几类？ ………………………………… 047
　2. 燃烧必须具备哪几个条件？ ……………………… 048
　3. 火灾过程一般分为哪几个阶段？ ………………… 048
　4. 扑救火灾的原则是什么？ ………………………… 048
　5. 灭火有哪些方法？ ………………………………… 048
　6. 目前油田常用的灭火器有哪些？ ………………… 048
　7. 对火灾事故"四不放过"的处理原则是什么？ …… 048
　8. 高空作业级别是如何划分的？ …………………… 049
　9. 登高巡回检查应注意什么？ ……………………… 049
　10. 高处坠落的原因是什么？ ………………………… 049
　11. 安全带通常使用期限为几年？几年抽检一次？ … 049
　12. 为防止机械伤害事故，有哪些安全要求？ ……… 049
　13. 哪些伤害必须就地抢救？ ………………………… 049
　14. 外伤急救步骤是什么？ …………………………… 049
　15. 高风险作业包括哪些？ …………………………… 050
　16. 进入受限空间氧气浓度和可燃气体浓度应满足
　　　什么条件？ ……………………………………… 050
　17. 进入受限空间作业级别是如何划分的？ ………… 050
（三）风险 …………………………………………… 050
　1. 回转式空气预热器再燃烧 ………………………… 050
　2. SCR 催化剂失效损坏 ……………………………… 051
　3. 脱硝系统管路氨泄漏 ……………………………… 051
　4. 油管道泄漏 ………………………………………… 052
　5. 烟道尾部再燃烧 …………………………………… 052

6. 锅炉高温炉烟除焦 …………………………… 052

7. 冲洗汽包水位计 ……………………………… 053

8. 锅炉灭火 ……………………………………… 053

9. 主蒸汽压力超压 ……………………………… 054

10. 过热器管损坏 ………………………………… 054

11. 水冷壁损坏 …………………………………… 055

12. 省煤器损坏 …………………………………… 055

13. 蒸汽品质超标 ………………………………… 055

14. 地沟盖板翻塌 ………………………………… 056

15. 防护栏缺失 …………………………………… 056

16. 高温蒸汽设备给水管道泄漏 ………………… 056

17. 锅炉冷灰斗地沟清焦 ………………………… 056

18. 锅炉排污 ……………………………………… 057

19. 锅炉打焦 ……………………………………… 058

20. 冷炉上水 ……………………………………… 059

第三部分　基本技能

一、热电一公司 200MW 机组 …………………… 060

(一) 操作技能 …………………………………… 060

1. 锅炉冷炉上水的操作。 ……………………… 060

2. 转机拉合闸试验操作。 ……………………… 061

3. 锅炉大联锁试验操作。 ……………………… 062

4. 冲洗水位计操作。 …………………………… 063

5. 炉膛吹灰操作。 ……………………………… 063

6. 定期排污操作。 ……………………………… 064

7. 冷态启炉点燃油枪操作。……………………………… 065
8. 间断升火保持压力法操作。……………………………… 065
9. 热炉放水操作。……………………………………………… 066
10. 过热器反冲洗操作。……………………………………… 066
11. 协调投入操作。…………………………………………… 067
12. 制粉系统启动操作。……………………………………… 067
13. 制粉系统停止操作。……………………………………… 068
14. 紧急停磨操作。…………………………………………… 069
15. 一次汽水压试验操作。…………………………………… 069
16. 二次汽水压试验操作。…………………………………… 071
17. 安全阀门定陀操作。……………………………………… 071
18. SCR 反应器正常停运操作。…………………………… 073
19. 脱硝系统紧急停机操作。………………………………… 074
20. 回转式空气预热器的启动。……………………………… 075
21. 回转式空气预热器的停运。……………………………… 075
22. 回转式空气预热器减速机主辅电动机互为备用
    切换的操作方法。……………………………………… 076

(二) 常见故障判断与处理 …………………………………… 077

1. 锅炉满水故障有什么现象？故障原因是什么？
   如何处理？…………………………………………… 077
2. 水冷壁损坏有什么现象？故障原因是什么？
   如何处理？…………………………………………… 078
3. 省煤器损坏有什么现象？故障原因是什么？
   如何处理？…………………………………………… 079
4. 锅炉灭火有什么现象？故障原因是什么？
   如何处理？…………………………………………… 080

5. 尾部再燃烧有什么现象？故障原因是什么？
   如何处理？ ······081
6. 负荷骤减有什么现象？故障原因是什么？
   如何处理？ ······082
7. 吸风机跳闸有什么现象？如何处理？ ······083
8. 中压缸调速汽门自动关闭有什么现象？
   如何处理？ ······084
9. 磨煤机跳闸有什么现象？如何处理？ ······085
10. 回粉管有什么现象？如何处理？ ······085
11. 正常停炉冷却有什么要求？ ······086
12. 设备定期试验项目有哪些？ ······086
13. 什么情况下应紧急停炉？ ······087
14. 安全阀门定陀注意事项有哪些？ ······087
15. 除焦注意事项有哪些？ ······088
16. 高加跳锅炉有什么现象？如何处理？ ······088
17. 锅炉减水故障有什么现象？故障原因是什么？
    如何处理？ ······088
18. 汽水共腾有什么现象？故障原因是什么？
    如何处理？ ······090
19. 汽水管道水冲击有什么现象？故障原因是什么？
    如何处理？ ······090
20. 燃油系统故障有什么现象？如何处理？ ······091
21. 一次风管堵有什么现象？故障原因是什么？
    如何处理？ ······091
22. 磨煤机油系统故障有什么现象？故障原因是什么？
    如何处理？ ······092
23. 稀释风机故障处理？ ······093

24. 回转空气预热器故障有什么现象？故障原因是什么？如何处理？ ……………………………… 093

25. 回转式空气预热器内部着火有什么现象？故障原因是什么？如何处理？ …………………… 094

二、热电一公司 300MW 机组 …………………… 095

（一）操作技能 ……………………………………… 095

1. 投入蒸汽推动操作。………………………………… 095
2. 停止蒸汽推动操作。………………………………… 096
3. 水位计的投入（热态）。……………………………… 097
4. 水位计的解列。……………………………………… 097
5. 水位计的冲洗方法。………………………………… 098
6. 引风机的启动操作。………………………………… 098
7. 送风机的启动操作。………………………………… 099
8. 一次风机的启动操作。……………………………… 100
9. 制粉系统的启动操作（空载）。……………………… 101
10. 制粉系统的停运。………………………………… 102
11. 空气预热器的启动。……………………………… 103
12. 空气预热器停止操作。…………………………… 103
13. 火检冷却风机的启动操作。……………………… 104
14. 火检冷却风机的停运。…………………………… 105

（二）常见故障判断与处理 …………………………… 105

1. 空气预热器转子停转。……………………………… 105
2. 给煤机跳闸。………………………………………… 106
3. 给煤机断煤。………………………………………… 107
4. 单台引风机跳闸。…………………………………… 108
5. 单台送风机跳闸。…………………………………… 109

6. 单台一次风机跳闸。……………………………………110
7. 磨煤机跳闸。………………………………………………111
8. 磨煤机堵煤。………………………………………………112
9. 磨煤机出口一次风管堵。…………………………………113
10. 磨煤机着火。……………………………………………114
11. 密封风机跳闸。…………………………………………115
12. 磨煤机润滑油压低。……………………………………116
13. SCR 系统装置退出或排放超标。………………………116

三、热电二公司 …………………………………………118

（一）操作技能 ……………………………………………118

1. 填写值班记录。……………………………………………118
2. 填写设备缺陷记录簿。……………………………………119
3. 办理工作票许可手续。……………………………………120
4. 投入炉前燃油系统。………………………………………121
5. 投入炉前燃油系统蒸汽吹扫。……………………………122
6. 切换制粉系统。……………………………………………123
7. 投入油枪。…………………………………………………124
8. 停止油枪。…………………………………………………125
9. 投入水位计。………………………………………………126
10. 解列汽包水位计。………………………………………127
11. 冲洗减温器。……………………………………………128
12. 锅炉吹灰。………………………………………………129
13. 锅炉水压试验。…………………………………………130
14. 冲洗水位计。……………………………………………132
15. 锅炉上水。………………………………………………133
16. 投入连排罐。……………………………………………134

17. 停止送风机。……………………………………………… 135
18. 停止引风机。……………………………………………… 136
19. 停止蒸汽推动。…………………………………………… 137
20. 投入蒸汽推动。…………………………………………… 137
21. 解列安全阀门。…………………………………………… 138
22. 投入安全阀门。…………………………………………… 139
23. 启动引风机。……………………………………………… 140
24. 启动送风机。……………………………………………… 141
25. 过热器反冲洗。…………………………………………… 141
26. 停止制粉系统。…………………………………………… 142
27. 启动制粉系统。…………………………………………… 143
28. 紧急停炉。………………………………………………… 144
29. 热态滑参数启炉。………………………………………… 144

(二) 常见故障判断处理 ………………………………………… 145

1. 锅炉满水故障有什么现象？故障原因是什么？
   如何处理？……………………………………………… 145
2. 锅炉缺水故障有什么现象？故障原因是什么？
   如何处理？……………………………………………… 146
3. 汽水共腾故障有什么现象？故障原因是什么？
   如何处理？……………………………………………… 148
4. 水冷壁管损坏故障有什么现象？故障原因是什么？
   如何处理？……………………………………………… 148
5. 省煤器漏泄故障有什么现象？故障原因是什么？
   如何处理？……………………………………………… 150
6. 过热器管损坏故障有什么现象？故障原因是什么？
   如何处理？……………………………………………… 151

7. 锅炉灭火故障有什么现象？故障原因是什么？
   如何处理？ ·· 152

8. 烟道再燃烧故障有什么现象？故障原因是什么？
   如何处理？ ·· 154

9. 突甩负荷故障有什么现象？故障原因是什么？
   如何处理？ ·· 155

10. 吸风机跳闸故障有什么现象？如何处理？ ·········· 156

11. 送风机跳闸故障有什么现象？如何处理？ ·········· 157

12. 锅炉 6000V 厂用电电源中断故障有什么现象？
    如何处理？ ·· 157

13. 锅炉 380V 厂用电电源中断故障有什么现象？
    如何处理？ ·· 158

14. 锅炉热控及仪表电源中断故障有什么现象？
    如何处理？ ·· 159

15. 锅炉热工灭火保护动作故障有什么现象？
    故障原因是什么？如何处理？ ························· 160

16. 给煤中断故障有什么现象？故障原因是什么？
    如何处理？ ·· 160

17. 磨煤机满煤故障有什么现象？故障原因是什么？
    如何处理？ ·· 161

18. 磨煤机跳闸故障有什么现象？故障原因是什么？
    如何处理？ ·· 162

19. 制粉系统着火爆炸故障有什么现象？故障原因
    是什么？如何处理？ ···································· 163

参考文献 ·· 165

第一部分
基本素养

一、企业文化

（一）名词解释

1. **石油精神**：石油精神以大庆精神铁人精神为主体，是对石油战线企业精神及优良传统的高度概括和凝练升华，是我国石油队伍精神风貌的集中体现，是历代石油人对人类精神文明的杰出贡献，是石油石化企业的政治优势和文化软实力。其核心是"苦干实干""三老四严"。

2. **大庆精神**：为国争光、为民族争气的爱国主义精神；独立自主、自力更生的艰苦创业精神；讲究科学、"三老四严"的求实精神；胸怀全局、为国分忧的奉献精神，凝练为"爱国、创业、求实、奉献"8个字。

3. **铁人精神**："为国分忧、为民族争气"的爱国主义精神；"宁肯少活二十年，拼命也要拿下大油田"的忘我拼搏精神；"有条件要上，没有条件创造条件也要上"的艰苦奋斗精神；"干工作要经得起子孙万代检查""为革命练一身硬功夫、真本事"的科学求实精神;"甘愿为党和人民当一辈子老黄牛"、埋头苦干的无私奉献精神。

4. **三超精神**:超越权威,超越前人,超越自我。

5. **艰苦创业的六个传家宝**:人拉肩扛精神,干打垒精神,五把铁锹闹革命精神,缝补厂精神,回收队精神,修旧利废精神。

6. **三要十不**:"三要":一要甩掉石油工业的落后帽子;二要高速度、高水平拿下大油田;三要在会战中夺冠军,争取集体荣誉。"十不":第一,不讲条件,就是说有条件要上,没有条件创造条件上;第二,不讲时间,特别是工作紧张时,大家都不分白天黑夜地干;第三,不讲报酬,干啥都是为了革命,为了石油,而不光是为了个人的物质报酬而劳动;第四,不分级别,有工作大家一起干;第五,不讲职务高低,不管是局长、队长,都一起来;第六,不分你我,互相支援;第七,不分南北东西,就是不分玉门来的、四川来的、新疆来的,为了大会战,一个目标,大家一起上;第八,不管有无命令,只要是该干的活就抢着干;第九,不分部门,大家同心协力;第十,不分男女老少,能干什么就干什么、什么需要就干什么。这"三要十不",激励了几万职工团结战斗、同心协力、艰苦创业,一心为会战的思想和行动,没有高度觉悟是做不到的。

7. **三老四严**:对待革命事业,要当老实人,说老实话,办老实事;对待工作,要有严格的要求,严密的组织,严肃的态度,严明的纪律。

8. **四个一样**:对待革命工作要做到,黑天和白天一个样,坏天气和好天气一个样,领导不在场和领导在场一个样,没有人检查和有人检查一个样。

9. 思想政治工作"两手抓":抓生产从思想入手,抓思想从生产出发。这是大庆人正确处理思想政治工作与经济工作关系的基本原则,也是大庆人思想政治工作的一条基本经验。

10. 岗位责任制管理:大庆油田岗位责任制,是大庆石油会战时期从实践中总结出来的一整套行之有效的基础管理方法,也是大庆油田特色管理的核心内容。其实质就是把全部生产任务和管理工作落实到各个岗位上,给企业每个岗位人员都规定出具体的任务、责任,做到事事有人管,人人有专责,办事有标准,工作有检查。它包括工人岗位责任制、基层干部岗位责任制、领导干部和机关干部岗位责任制。工人岗位责任制一般包括岗位专责制、交接班制、巡回检查制、设备维修保养制、质量负责制、岗位练兵制、安全生产制、班组经济核算制等8项制度;基层干部岗位责任制包括岗位专责制、工作检查制、生产分析制、经济活动分析制、顶岗劳动制、学习制度等6项制度;领导干部和机关干部岗位责任制包括岗位专责制、现场办公制、参加劳动制、向工人学习日制、工作总结制、学习制度等6项制度。

11. 三基工作:以党支部建设为核心的基层建设,以岗位责任制为中心的基础工作,以岗位练兵为主要内容的基本功训练。

12. 四懂三会:这是在大庆石油会战时期提出的对各行各业技术工人必备的基本知识、基本技能的基本要求,也是"应知应会"的基本内容。四懂即懂设备结构、懂设备原理、懂设备性能、懂工艺流程。三会即会操作、会维修保养、会排除故障。

13. 五条要求：人人出手过得硬，事事做到规格化，项项工程质量全优，台台在用设备完好，处处注意勤俭节约。

14. 会战时期"五面红旗"：王进喜、马德仁、段兴枝、薛国邦、朱洪昌。

15. 新时期铁人：王启民。

16. 大庆新铁人：李新民。

17. 新时代履行岗位责任、弘扬严实作风"四条要求"：要人人体现严和实，事事体现严和实，时时体现严和实，处处体现严和实。

18. 新时代履行岗位责任、弘扬严实作风"五项措施"：开展一场学习，组织一次查摆，剖析一批案例，建立一项制度，完善一项机制。

（二）问答

1. 简述大庆油田名称的由来。

1959年9月26日，新中国成立十周年大庆前夕，位于黑龙江省原肇州县大同镇附近的松基三井喷出了具有工业价值的油流，为了纪念这个大喜大庆的日子，当时黑龙江省委第一书记欧阳钦同志建议将该油田定名为大庆油田。

2. 中共中央何时批准大庆石油会战？

1960年2月13日，石油工业部以党组的名义向中共中央、国务院提出了《关于东北松辽地区石油勘探情况和今后部署问题的报告》。1960年2月20日中共中央正式批准大庆石油会战。

3. 什么是"两论"起家？

1960年4月10日，大庆石油会战一开始，会战领导小组就以石油工业部机关党委的名义作出了《关于学习毛泽东同志所著〈实践论〉和〈矛盾论〉的决定》，号召广大会战职工学习毛泽东同志的《实践论》《矛盾论》和毛泽东同志的其他著作，以马列主义、毛泽东思想指导石油大会战，用辩证唯物主义的立场、观点、方法，认识油田规律，分析和解决会战中遇到的各种问题。广大职工说，我们的会战是靠"两论"起家的。

4. 什么是"两分法"前进？

即在任何时候，对任何事情，都要用"两分法"，形势好的时候要看到不足，保持清醒的头脑，增强忧患意识，形势严峻的时候更要一分为二，看到希望，增强发展的信心。

5. 简述会战时期"五面红旗"及其具体事迹。

"五面红旗"喻指大庆石油会战初期涌现的五位先进榜样：王进喜、马德仁、段兴枝、薛国邦、朱洪昌。钻井队长王进喜带领队伍人拉肩扛抬钻机，端水打井保开钻，在发生井喷的危急时刻，奋不顾身跳下泥浆池，用身体搅拌泥浆制服井喷。钻井队长马德仁在泥浆泵上水管线冻结时，不畏严寒，破冰下泥浆池，疏通上水管线。钻井队长段兴枝在吊车和拖拉机不足的情况下，利用钻机本身的动力设施，解决了钻机搬家的困难。大庆油田第一个采油队队长薛国邦自制绞车，给第一批油井清蜡，又手持蒸汽管下到油池里化开凝结的原油，保证了大庆油田首次原油外运列车顺利启程。工程队队长朱洪昌在供水管线漏水时，用手捂着漏点，忍着灼烧的疼痛，让焊工焊接裂缝，保证了供水工程提前竣工。

6. 大庆油田投产的第一口油井和试注成功的第一口水井各是什么？

1960年5月16日，大庆油田第一口油井中7-11井投产；1960年10月18日，大庆油田第一口注水井7排11井试注成功。

7. 大庆石油会战时期讲的"三股气"是指什么？

对一个国家来讲，就要有民气；对一个队伍来讲，就要有士气；对一个人来讲，就要有志气。三股气结合起来，就会形成强大的力量。

8. 什么是"九热一冷"工作法？

大庆石油会战中创造的一种领导工作方法。是指在1旬中，有9天"热"，1天"冷"。每逢十日，领导干部再忙，也要坐在一起开务虚会，学习上级指示，分析形势，总结经验，从而把感性认识提高到理性认识上来，使领导作风和领导水平得到不断改进和提高。

9. 什么是"三一""四到""五报"交接班法？

对重要的生产部位要一点一点地交接、对主要的生产数据要一个一个地交接、对主要的生产工具要一件一件地交接。交接班时应该看到的要看到、应该听到的要听到、应该摸到的要摸到、应该闻到的要闻到。交接班时报检查部位、报部件名称、报生产状况、报存在的问题、报采取的措施，开好交接班会议，会议记录必须规范完整。

10. 大庆油田原油年产5000万吨以上持续稳产的时间是哪年？

1976年至2002年，大庆油田实现原油年产5000万吨以上连续 27 年高产稳产，创造了世界同类油田开发史上的奇迹。

11. 大庆油田原油年产 4000 万吨以上持续稳产的时间是哪年？

2003 年至 2014 年，大庆油田实现原油年产 4000 万吨以上连续 12 年持续稳产，继续书写了"我为祖国献石油"新篇章。

12. 中国石油天然气集团有限公司企业精神是什么？

石油精神和大庆精神铁人精神。

13. 中国石油天然气集团有限公司的主营业务是什么？

中国石油天然气集团有限公司是国有重要骨干企业和全球主要的油气生产商和供应商之一，是集国内外油气勘探开发和新能源、炼化销售和新材料、支持和服务、资本和金融等业务于一体的综合性国际能源公司，在全球 32 个国家和地区开展油气投资业务。

14. 中国石油天然气集团有限公司的企业愿景和价值追求分别是什么？

企业愿景：建设基业长青世界一流综合性国际能源公司；

企业价值追求：绿色发展、奉献能源，为客户成长增动力、为人民幸福赋新能。

15. 中国石油天然气集团有限公司的人才发展理念是什么？

生才有道、聚才有力、理才有方、用才有效。

16. 中国石油天然气集团有限公司的质量安全环保理念是什么？

以人为本、质量至上、安全第一、环保优先。

17. **中国石油天然气集团有限公司的依法合规理念是什么？**

法律至上、合规为先、诚实守信、依法维权。

 发展纲要

（一）名词解释

1. **三个构建**：一是构建与时俱进的开放系统；二是构建产业成长的生态系统；三是构建崇尚奋斗的内生系统。

2. **一个加快**：加快推动新时代大庆能源革命。

3. **抓好"三件大事"**：抓好高质量原油稳产这个发展全局之要；抓好弘扬严实作风这个标准价值之基；抓好发展接续力量这个事关长远之计。

4. **谱写"四个新篇"**：奋力谱写"发展新篇"；奋力谱写"改革新篇"；奋力谱写"科技新篇"；奋力谱写"党建新篇"。

5. **统筹"五大业务"**：大力发展油气业务；协同发展服务业务；加快发展新能源业务；积极发展"走出去"业务；特色发展新产业新业态。

6. **"十四五"发展目标**：实现"五个开新局"，即稳油增气开新局；绿色发展开新局；效益提升开新局；幸福生活开新局；企业党建开新局。

7. **高质量发展重要保障**：思想理论保障；人才支持保障；基础环境保障；队伍建设保障；企地协作保障。

（二）问答

1. 习近平总书记致大庆油田发现 60 周年贺信的内容是什么？

值此大庆油田发现 60 周年之际，我代表党中央，向大庆油田广大干部职工、离退休老同志及家属表示热烈的祝贺，并致以诚挚的慰问！

60 年前，党中央作出石油勘探战略东移的重大决策，广大石油、地质工作者历尽艰辛发现大庆油田，翻开了中国石油开发史上具有历史转折意义的一页。60 年来，几代大庆人艰苦创业、接力奋斗，在亘古荒原上建成我国最大的石油生产基地。大庆油田的卓越贡献已经镌刻在伟大祖国的历史丰碑上，大庆精神、铁人精神已经成为中华民族伟大精神的重要组成部分。

站在新的历史起点上，希望大庆油田全体干部职工不忘初心、牢记使命，大力弘扬大庆精神、铁人精神，不断改革创新，推动高质量发展，肩负起当好标杆旗帜、建设百年油田的重大责任，为实现"两个一百年"奋斗目标、实现中华民族伟大复兴的中国梦作出新的更大的贡献！

2. 当好标杆旗帜、建设百年油田的含义是什么？

当好标杆旗帜——树立了前行标尺，是我们一切工作的根本遵循。大庆油田要当好能源安全保障的标杆、国企深化改革的标杆、科技自立自强的标杆、赓续精神血脉的标杆。

建设百年油田——指明了前行方向，是我们未来发展的奋斗目标。百年油田，首先是时间的概念，追求能源主业的升级发展，建设一个基业长青的百年油田；百年油田，也是空间的拓展，追求发展舞台的开辟延伸，建设一个走向世界的百年油田；百年油田，更是精神的赓续，追求红色基因的传承弘扬，建设一个旗帜高扬的百年油田。

3. 大庆油田 60 多年的开发建设取得的辉煌历史有哪些？

大庆油田 60 多年的开发建设，为振兴发展奠定了坚实基础。建成了我国最大的石油生产基地；孕育形成了大庆精神铁人精神；创造了世界领先的陆相油田开发技术；打造了过硬的"铁人式"职工队伍；促进了区域经济社会的繁荣发展。

4. 开启建设百年油田新征程两个阶段的总体规划是什么？

第一阶段，从现在起到 2035 年，实现转型升级、高质量发展；第二阶段，从 2035 年到本世纪中叶，实现基业长青、百年发展。

5. 大庆油田"十四五"发展总体思路是什么？

坚持以习近平新时代中国特色社会主义思想为指导，深入贯彻落实党的二十大精神，牢记践行习近平总书记重要讲话重要指示批示精神特别是"9·26"贺信精神，完整、准确、全面贯彻新发展理念，服务和融入新发展格局，立足增强能源供应链稳定性和安全性，贯彻落实国家"十四五"现代能源体系规划，认真落实中国石油天然气集团有限公司党组和黑龙江省委省政府部署要求，全面加强党的领导党的建设，坚持稳中求进工作总基调，突出高质量发展主题，遵循"四个坚持"兴企方略和"四化"治企准则，推进实施以抓好"三件大事"为总纲、以谱写"四个新篇"为实践、以统筹"五大业务"为发展支撑的总体战略布局，全面提升企业的创新力、竞争力和可持续发展能力，当好标杆旗帜、建设百年油田，开创油田高质量发展新局面。

6. 大庆油田"十四五"发展基本原则是什么？

坚持"九个牢牢把握"，即牢牢把握"当好标杆旗帜"这个根本遵循；牢牢把握"市场化道路"这个基本方向；牢牢把握"低成本发展"这个核心能力；牢牢把握"绿色低碳转型"这个发展趋势；牢牢把握"科技自立自强"这个战略支撑；牢牢把握"人才强企工程"这个重大举措；牢牢把握"依法合规治企"这个内在要求；牢牢把握"加强作风建设"这个立身之本；牢牢把握"全面从严治党"这个政治引领。

7. 中国共产党第二十次全国代表大会会议主题是什么？

高举中国特色社会主义伟大旗帜，全面贯彻新时代中国特色社会主义思想，弘扬伟大建党精神，自信自强、守正创新，踔厉奋发、勇毅前行，为全面建设社会主义现代化国家、全面推进中华民族伟大复兴而团结奋斗。

8. 在中国共产党第二十次全国代表大会上的报告中，中国共产党的中心任务是什么？

从现在起，中国共产党的中心任务就是团结带领全国各族人民全面建成社会主义现代化强国、实现第二个百年奋斗目标，以中国式现代化全面推进中华民族伟大复兴。

9. 在中国共产党第二十次全国代表大会上的报告中，中国式现代化的含义是什么？

中国式现代化，是中国共产党领导的社会主义现代化，既有各国现代化的共同特征，更有基于自己国情的中国特色。中国式现代化是人口规模巨大的现代化；中国式现代化是全体人民共同富裕的现代化；中国式现代化是物质文明和精神文明相协调的现代化；中国式现代化是人与自然和谐共生的现代化；中国式现代化是走和平发展道路的现代化。

10. 在中国共产党第二十次全国代表大会上的报告中，两步走是什么？

全面建成社会主义现代化强国，总的战略安排是分两步走：从二〇二〇年到二〇三五年基本实现社会主义现代化；从二〇三五年到本世纪中叶把我国建成富强民主文明和谐美丽的社会主义现代化强国。

11. 在中国共产党第二十次全国代表大会上的报告中，"三个务必"是什么？

全党同志务必不忘初心、牢记使命，务必谦虚谨慎、艰苦奋斗，务必敢于斗争、善于斗争，坚定历史自信，增强历史主动，谱写新时代中国特色社会主义更加绚丽的华章。

12. 在中国共产党第二十次全国代表大会上的报告中，牢牢把握的"五个重大原则"是什么？

坚持和加强党的全面领导；坚持中国特色社会主义道路；坚持以人民为中心的发展思想；坚持深化改革开放；坚持发扬斗争精神。

13. 在中国共产党第二十次全国代表大会上的报告中，十年来，对党和人民事业具有重大现实意义和深远意义的三件大事是什么？

一是迎来中国共产党成立一百周年，二是中国特色社会主义进入新时代，三是完成脱贫攻坚、全面建成小康社会的历史任务，实现第一个百年奋斗目标。

14. 在中国共产党第二十次全国代表大会上的报告中，坚持"五个必由之路"的内容是什么？

全党必须牢记，坚持党的全面领导是坚持和发展中国特色社会主义的必由之路,中国特色社会主义是实现中华民族伟大复兴的必由之路,团结奋斗是中国人民创造历史伟业的必由之路,贯彻新发展理念是新时代我国发展壮大的必由之路,全面从严治党是党永葆生机活力、走好新的赶考之路的必由之路。

职业道德

(一) 名词解释

1. **道德**:是调节个人与自我、他人、社会和自然界之间关系的行为规范的总和。

2. **职业道德**:是同人们的职业活动紧密联系的、符合职业特点所要求的道德准则、道德情操与道德品质的总和。

3. **爱岗敬业**:爱岗就是热爱自己的工作岗位,热爱自己从事的职业;敬业就是以恭敬、严肃、负责的态度对待工作,一丝不苟,兢兢业业,专心致志。

4. **诚实守信**:诚实就是真心诚意,实事求是,不虚假,不欺诈;守信就是遵守承诺,讲究信用,注重质量和信誉。

5. **劳动纪律**:是用人单位为形成和维持生产经营秩序,保证劳动合同得以履行,要求全体员工在集体劳动、工作、生活过程中,以及与劳动、工作紧密相关的其他过程中必须共同遵守的规则。

6. **团结互助**:指在人与人之间的关系中,为了实现共同的利益和目标，互相帮助，互相支持，团结协作，共同发展。

（二）问答

1. 社会主义精神文明建设的根本任务是什么？

适应社会主义现代化建设的需要，培育有理想、有道德、有文化、有纪律的社会主义公民，提高整个中华民族的思想道德素质和科学文化素质。

2. 我国社会主义道德建设的基本要求是什么？

爱祖国、爱人民、爱劳动、爱科学、爱社会主义。

3. 为什么要遵守职业道德？

职业道德是社会道德体系的重要组成部分，它一方面具有社会道德的一般作用，另一方面它又具有自身的特殊作用，具体表现在：（1）调节职业交往中从业人员内部以及从业人员与服务对象间的关系。（2）有助于维护和提高本行业的信誉。（3）促进本行业的发展。（4）有助于提高全社会的道德水平。

4. 爱岗敬业的基本要求是什么？

（1）要乐业。乐业就是从内心里热爱并热心于自己所从事的职业和岗位，把干好工作当作最快乐的事，做到其乐融融。（2）要勤业。勤业是指忠于职守，认真负责，刻苦勤奋，不懈努力。（3）要精业。精业是指对本职工作业务纯熟，精益求精，力求使自己的技能不断提高，使自己的工作成果尽善尽美，不断地有所进步、有所发明、有所创造。

5. 诚实守信的基本要求是什么？

（1）要诚信无欺。（2）要讲究质量。（3）要信守合同。

6. 职业纪律的重要性是什么？

职业纪律影响企业的形象，关系企业的成败。遵守职业纪律是企业选择员工的重要标准，关系到员工个人事业成功与发展。

7. 合作的重要性是什么？

合作是企业生产经营顺利实施的内在要求，是从业人员汲取智慧和力量的重要手段，是打造优秀团队的有效途径。

8. 奉献的重要性是什么？

奉献是企业发展的保障，是从业人员履行职业责任的必由之路，有助于创造良好的工作环境，是从业人员实现职业理想的途径。

9. 奉献的基本要求是什么？

（1）尽职尽责。要明确岗位职责，培养职责情感，全力以赴工作。（2）尊重集体。以企业利益为重，正确对待个人利益，树立职业理想。（3）为人民服务。树立为人民服务的意识，培育为人民服务的荣誉感，提高为人民服务的本领。

10. 企业员工应具备的职业素养是什么？

诚实守信、爱岗敬业、团结互助、文明礼貌、办事公道、勤劳节俭、开拓创新。

11. 培养"四有"职工队伍的主要内容是什么？

有理想、有道德、有文化、有纪律。

12. 如何做到团结互助？

（1）具备强烈的归属感。（2）参与和分享。（3）平等尊重。（4）信任。（5）协同合作。（6）顾全大局。

13. 职业道德行为养成的途径和方法是什么？

（1）在日常生活中培养。从小事做起，严格遵守行为规范；从自我做起，自觉养成良好习惯。（2）在专业学习中训练。增强职业意识，遵守职业规范；重视技能训练，提高职业素养。（3）在社会实践中体验。参加社会实践，培养职业道德；学做结合，知行统一。（4）在自我修养中提高。体验生活，经常进行"内省"；学习榜样，努力做到"慎独"。（5）在职业活动中强化。将职业道德知识内化为信念；将职业道德信念外化为行为。

14. 员工违规行为处理工作应当坚持的原则是什么？

（1）依法依规、违规必究；（2）业务主导、分级负责；（3）实事求是、客观公正；（4）惩教结合、强化预防。

15. 对员工的奖励包括哪几种？

奖励种类包括通报表彰、记功、记大功、授予荣誉称号、成果性奖励等。在给予上述奖励时，可以是一定的物质奖励。物质奖励可以给予一次性现金奖励（奖金）或实物奖励，也可根据需要安排一定时间的带薪休假。

16. 员工违规行为处理的方式包括哪几种？

员工违规行为处理方式分为：警示诫勉、组织处理、处分、经济处罚、禁入限制。

17.《中国石油天然气集团公司反违章禁令》有哪些规定？

为进一步规范员工安全行为，防止和杜绝"三违"现象，保障员工生命安全和企业生产经营的顺利进行，特制定本禁令。

一、严禁特种作业无有效操作证人员上岗操作；

二、严禁违反操作规程操作；

三、严禁无票证从事危险作业；

四、严禁脱岗、睡岗和酒后上岗；

五、严禁违反规定运输民爆物品、放射源和危险化学品；

六、严禁违章指挥、强令他人违章作业。

员工违反上述禁令，给予行政处分；造成事故的，解除劳动合同。

第二部分
基础知识

 专业知识

（一）名词解释

1. **锅炉**：利用燃料燃烧释放的热能或其他热能加热给水或其他工质以生产规定参数和品质的蒸汽、热水或其他工质（蒸气）的机械设备。用于发电的锅炉称为电站锅炉。

2. **工质**：实现热能和机械能相互转化的媒介物质，叫作工质。

3. **压力**：作用在单位面积上垂直向下的力叫作压力，其常用单位为 N。

4. **温度**：物体冷热程度的度量。

5. **比热容**：单位质量的气体温度升高（或降低）1℃时，所吸收（或）放出的热量。

6. **负压**：负压就是低于大气压力的压力。

7. **锅炉蒸汽参数**：一般指按照设计规定的过热器出口处蒸汽压力和温度。

8. **锅炉效率**：指锅炉每小时有效利用热量占输入锅炉

全部热量的百分数，用符号 η 表示。

9. 额定蒸发量：指在额定蒸汽参数、额定给水温度、使用设计燃料并保证热效率所规定的蒸汽量。

10. 汽化：物质从液态转变为气态的过程，包括蒸发、沸腾。蒸发是在液体表面进行的汽化现象。

11. 沸腾：在液体内部进行的汽化现象。在一定压力下，沸腾只能在固定温度下进行，该温度称为沸点。压力升高，沸点升高。

12. 饱和蒸汽：容器上部空间蒸汽分子总数不再变化，达到动态平衡，这种状态称为饱和状态，饱和状态下的蒸汽称为饱和蒸汽；饱和状态下的水称为饱和水；这时蒸汽和水的温度称为饱和温度，对应压力称为饱和压力。

13. 过热蒸汽：蒸汽的温度高于相应压力下饱和温度，该蒸汽称为过热蒸汽。

14. 自然水循环：自然水循环是由汽包、下降管、下联箱、上升管（水冷壁）组成的一个循环回路。

15. 强制循环：利用外力（水泵）控制锅炉水循环流动称为强制循环。

16. 锅炉容量：在额定蒸汽参数、额定给水温度和使用设计燃料长期连续运行时所能达到的最大蒸发量。

17. 锅炉排污：运行中将带有较多盐类和水渣的锅炉水排放到锅炉外。

18. 连续排污：排出汽包内含盐浓度最大的炉水以维持炉水品质合格。

19. 定期排污：排出沉积于水冷壁下联箱及集中下降管中沉淀物，并补充连续排污的不足，避免炉内结垢，破坏水循环。

20. 排污率：锅炉排污量占锅炉额定蒸发量的百分比。

21. 完全燃烧：燃料中的可燃成分在燃烧后全部生成不能再进行氧化的燃烧产物叫作完全燃烧。

22. 不完全燃烧：燃料中的可燃成分在燃烧过程中有一部分没有参与燃烧，或虽已进行燃烧，但生成的产物中还存在可燃气体，这种情况叫作不完全燃烧。

23. 过剩空气系数：实际空气量与理论空气量的比值叫作过剩空气系数。

24. 再热器：是指将汽轮机高压缸的排气再次送入炉内加热升温，然后送回中低压缸继续膨胀做功的受热面。

25. 锅炉蒸发量和锅炉容量：（1）锅炉每小时产生的蒸汽量称为锅炉蒸发量。（2）锅炉在正常经济运行条件下的最大连续蒸发量叫作锅炉容量。

26. 高温腐蚀：高温受热面表面黏附的烧结性积灰下发生的金属腐蚀叫作烟气侧高温腐蚀。

27. 锅炉热效率：指水和蒸汽吸收的全部热量，占燃料在炉内完全燃烧产生的热量百分率。

28. 排烟热损失：排烟热损失是指排入大气的废烟气温度高于周围空气的温度所造成的损失。影响排烟热损失的主要因素有排烟温度和排烟量。

29. 化学不完全燃烧热损失：化学不完全燃烧热损失是指可燃气体中未被燃尽的 CO、H_2、CH_4 和碳氢化合物等被烟气带走所造成的热损失。

30. 机械不完全燃烧热损失：是指炉烟排出的飞灰和炉底排出的炉渣中含有未燃尽的碳所造成的热损失。

31. 散热损失：设备表面温度高于周围环境温度，会通过对流和辐射向四周环境散失热量，这部分损失的热量称为散热损失。针对锅炉而言，锅炉炉墙、联箱、管道、风道的外表面的散热损失称为锅炉的散热损失。

32. 灰渣物理热损失：是指高温炉渣排出炉外所造成的热量损失。

33. 烟气露点：烟气中的 SO_3 与水蒸气结合成硫酸蒸汽，当低温烟气进入低温受热面后，烟气中的硫酸蒸汽开始凝结，硫酸蒸汽的凝结温度称为酸露点，酸露点比水露点要高得多，通常所说的烟气露点，即是指酸露点。

34. 低温腐蚀：烟气中的硫酸蒸汽在低温下凝结在尾部受热面上而发生的强烈腐蚀现象叫作低温腐蚀。

35. 朗肯循环：蒸汽动力装置的基本循环，工质在锅炉、汽轮机、凝汽器、给水泵等热力设备中吸热、膨胀、放热、压缩四个过程使热能不断地转变为机械能，这种循环称为朗肯循环。

36. 热传导：温度不同的物体各部分之间或温度不同的两物体间由于直接接触而发生的热传递现象，也称为导热。

37. 水循环：水及汽水混合物在炉膛水冷壁内的循环流动。给水经省煤器进入汽包后，经由下降管和联箱分配给水冷壁，水在水冷壁内受热产生蒸汽，形成汽水混合物又回到汽包；分离蒸汽后的锅水又经下降管和联箱进入水冷壁继续循环流动。

38. 一次风：输送煤粉经燃烧器进入炉膛并满足挥发分燃烧需要的空气称为一次风。

39. 二次风：从热风道直接引来经燃烧器二次风口进入炉膛起助燃作用的空气称为二次风。

40. 磨煤出力：单位时间内，在保证一定煤粉细度的条件下，磨煤机所能磨制的原煤量。

41. **折焰角**：将后墙水冷壁上部的部分管子向炉内突出弯制而成的结构。

42. **锅炉受热面吹灰**：消除受热面上的积灰和结渣，维持其清洁，以保证锅护安全经济运行的一种手段。

43. **前屏过热器**：前屏过热器炉膛上部靠近前墙的区域布置的过热器受热面叫作前屏过热器。

44. **后屏过热器**：布置在炉膛出口烟道处的受热面叫作后屏过热器。

45. **滑参数启动**：用于单元制机组，是一种机、炉联合启动方式，即在锅炉蒸汽参数逐渐升高的同时，汽轮机进行冲转、升速、带负荷。当锅炉蒸汽参数提升到额定值时，汽轮机也达到额定负荷。

46. **滑参数停运**：多用于大型锅炉、汽轮发电机组计划检修停运。它的主要特点是，在调节汽门全开情况下，锅炉降低蒸汽压力和温度，汽轮机降负荷。随着蒸汽参数和负荷降低，机组部件得到较快、较均匀的冷却，缩短了停运后冷却时间，可提前开工检修。

47. **锅炉炉膛**：锅炉中燃料燃烧的空间，也称为燃烧室，是锅炉燃烧设备的重要组成部分。

48. **引风机**：从锅炉尾部将烟气抽出排入烟囱的风机，又称为吸风机。

49. **送风机**：将空气输送入锅炉炉膛以满足燃料燃烧需要的风机称为送风机。

50. **粗粉分离器**：将磨煤机送出的粗粉从气粉混合物中分离出来，送回磨煤机继续磨碎的装置。

51. **省煤器**：利用锅炉排烟加热给水的受热部件，用来降低排烟温度，提高锅炉效率，节约燃料耗量，故称为省煤器。

52. **水冷壁**：敷设在锅炉炉膛四周由多根并联管组成的蒸发受热面。主要吸收炉膛中高温火焰及炉烟的辐射热量，保护炉墙，工质在其中受热蒸发。分为光管及膜式水冷壁两种。

53. **尾部受热面**：布置在锅炉对流烟道尾部的省煤器和空气预热器通称为尾部受热面。

54. **烟道再燃烧**：未燃尽的可燃物大量沉积或黏附在烟道或受热面上，在沿烟道不严密处有空气漏入时，使其得到足够的氧量达到着火条件而复燃，引起烟道再燃烧。

55. **汽水系统**：汽水系统即所谓"锅"，它的任务是吸收燃料燃烧放出的热量，使水蒸发并最后成为规定压力和温度的过热蒸汽。

56. **燃烧系统**：燃烧系统即所谓"炉"，它的任务是使燃料在炉内良好地燃烧，放出热量。

57. **挥发分**：失去水分的煤样加热到一定温度时，煤中有机物分解析出的气体称为挥发分。

58. **闪点**：对燃油加热到某一温度时，表面有油气发生，油气在空气中达到某一浓度，当明火接近时即产生蓝色的闪光，瞬间即逝，此时的温度称为闪点。

59. **元素分析**：分析煤中有机可燃质中元素成分的方法叫作元素分析方法。

60. **工业分析**：分析煤在燃烧过程中分解的成分的方法叫作工业分析。

61. **变形温度**：测定灰熔点实验中灰锥顶端变圆或开始弯曲时的温度称为变形温度。

62. **软化温度**：测定灰熔点实验中灰锥弯曲并触及托板时的温度称为软化温度。

63. **过量空气系数**：为了减少不完全燃烧热损失，使燃料与空气能够充分混合，实际送入炉内的空气量总是要比理论燃烧空气量多一些。实际供给的空气量与理论燃烧空气量的比值称为过量空气系数。

64. **煤粉自燃**：长期积存的煤粉，与空气中的氧气发生氧化作用会慢慢发热，温度升高，温度升高又会加剧煤粉氧化，当散热条件不好时，积聚的热量会使煤粉温度上升到其燃点而自行着火燃烧，这种现象称为煤粉自燃。

65. **煤粉经济细度**：当燃烧损失和制粉电耗及金属磨耗之和为最小时的煤粉细度称为煤粉经济细度。

66. **防爆门**：承受压力较低，当系统内发生爆炸时，高压气体首先由此冲出泄压，从而保护制粉系统安全的装置称为防爆门。

67. **烟气再循环**：将锅炉尾部烟道中的部分烟气抽出再送入炉膛调节汽温的方法称为烟气再循环。

68. **回转式空气预热器**：利用受热面的旋转，使烟气和空气交替地流过受热面，使烟气放热、空气吸热的空气预热器叫作回转式空气预热器。

69. **热风再循环**：将空气预热器出口的部分热空气送回其入口，以提高其入口风温的方法称为热风再循环。

70. **热力循环**：工质从一个热力状态出发，经过一系列的变化，最后又回到原来的热力状态所完成的封闭的热力过程称为热力循环。

71. **热力学第一定律**：一种能量可以在热力学系统与环境之间进行传递，也可以与其他形式的能量相互转换，在传递与转换过程中能量的总值守恒不变，不会自行增加或减少。

72. **热力学第二定律**：热量可以自发地从较热的物体传递到较冷的物体，但不可能自发地从较冷的物体传递到较热的物体。

73. **蠕变**：金属等固体材料在应力作用下，随时间的延续发生缓慢塑性变形的现象称为蠕变。

74. **锅炉效率**：每单位质量燃料在锅炉中释放的热量被有效利用的百分率称为锅炉效率。

75. **定压运行**：机组的一种传统运行方式，它是保持汽轮机进汽参数不变，通过改变进汽调节汽门的个数和开度来改变进汽量，以满足电网对调整负荷的要求。

76. **变压运行**：保持汽轮机进汽调节汽门全开或部分开启，通过改变锅炉出口蒸汽压力（温度不变）来满足电网负荷要求的一种机组运行方式，也称为滑压运行。

77. **锅炉跟随方式**：即汽轮机调功率、锅炉调汽压的控制方式。

78. **汽机跟随方式**：即锅炉调功率、汽轮机调汽压的控制方式。

79. **煤粉完全燃烧的三个阶段**：大致可分为三个阶段，燃烧前的准备阶段（吸热阶段），燃烧阶段（放热阶段），燃尽阶段。

（二）问答

1. 风机的轴承温度有何规定？

机械轴承温度不超过 70℃，电动机轴承温度不超过 80℃。

2. 受热面积灰有什么危害？

（1）导热系数小，在锅炉受热面上发生积灰，将会大

大影响锅炉受热面的传热,从而使锅炉效率降低;

(2) 当烟道截面积的对流受热面上发生积灰时,会使通道截面减小,增加流通阻力,使吸风机出力不足;

(3) 降低运行负荷;

(4) 严重时还会堵塞尾部烟道,甚至被迫停炉检修;

(5) 由于积灰使烟气温度升高,还可能影响后部受热面的运行安全。

3. 汽包的作用有哪些?

(1) 汽包是加热、蒸发、过热三个过程的连接枢纽;

(2) 汽包具有一定的储热能力;

(3) 汽包内装有各种设备,用以保证蒸汽品质;

(4) 汽包上装有压力表,水位计和安全门等附件,以保证锅炉安全运行。

4. 水压试验的合格标准是什么?

(1) 在关闭上水门,停止给水泵后经 5min,汽包压力下降值不大于 0.5MPa;

(2) 受压元件金属壁和焊缝没有泄漏痕迹;

(3) 受压元件没明显的残余变形。

5. 水冷壁的作用是什么?

(1) 吸收炉膛辐射热,把炉水加热,蒸发为饱和蒸汽;

(2) 保护炉墙;

(3) 提高传热效率;

(4) 简化炉墙。

6. 影响汽温变化的因素有哪些?

(1) 燃料量的变化;

(2) 炉膛负压的变化;

(3) 一、二次风比例的变化;

(4) 过剩空气量的变化；

(5) 给水温度的变化；

(6) 锅炉负荷的变化；

(7) 锅炉水位的变化；

(8) 煤质的变化；

(9) 减温水量的变化；

(10) 煤粉细度的变化；

(11) 制粉系统的启动和停止；

(12) 受热面的积灰和结焦。

7. 蒸汽推动的作用是什么？

(1) 提高炉膛内的温度，便于点火；

(2) 减少汽包壁温差，便于建立水循环；

(3) 缩短锅炉启动时间。

8. 锅炉吹灰的目的是什么？

保持受热面清洁，防止锅炉结焦，防止锅炉尾部灰堵，提高受热面的换热系数，提高锅炉的热效率。

9. 锅炉排污有哪几种？

锅炉排污分两种：定期排污、连续排污。

10. 锅炉主要的热损失有哪几种？哪种热损失最大？

锅炉的热损失主要有：排烟热损失、化学不完全燃烧热损失、机械不完全燃烧热损失、散热损失、灰渣物理热损失，其中排烟热损失最大。

11. 锅炉中的"锅"的作用和组成设备有哪些？

"锅"即汽水系统，主要任务是吸收燃料燃烧放出的热量，使水蒸发并最后变成具有一定参数的过热蒸汽。

它由省煤器、汽包、下降管、联箱、水冷壁、过热器、再热器组成。

12. 锅炉中的"炉"的作用和组成设备有哪些？

"炉"即燃烧系统，任务是使燃料在炉内良好燃烧，放出热量。它由炉膛、烟道、燃烧器及空气预热器组成。

13. 什么是直吹式制粉系统？

燃料由磨煤机磨制成煤粉，使用制粉系统的干燥介质输送，经过粗粉分离器分离出合格的煤粉，而直接吹入燃烧室的制粉系统叫作直吹式制粉系统。

14. 直吹制粉系统的优、缺点有哪些？

优点：系统简单，设备部件少，输粉管道阻力小。因此，系统电耗小。可根据锅炉负荷直接调整制粉系统的出力。

缺点：在直吹系统中，当任意一台磨煤机解列或故障，瞬间就会影响锅炉负荷，降低了锅炉机组运行可靠性。

15. 防爆门的作用是什么？

制粉系统一旦发生爆炸时，防爆门首先破裂，气体由防爆门排出大气，使系统泄压，防止损坏设备，保障人身安全。

16. 空气预热器的作用和型式分类有哪些？

（1）空气预热器安装于锅炉尾部烟道，利用烟气余热加热炉内燃烧所必需的空气，以及制粉系统所需的送粉或加热介质的受热面，提高空气温度，强化锅炉燃烧，可以降低排烟温度，提高锅炉效率。

（2）空气预热器分为管式空气预热器和回转式空气预热器两大类。

17. 锅炉三大安全附件有哪些？

锅炉"三大安全附件"有安全门、压力表、水位计。

18. 煤粉燃烧分哪几个阶段？

着火前的准备阶段、燃烧阶段和燃尽阶段。

19. 煤粉燃烧各阶段有哪些特点？

着火前准备阶段的特点是：水分蒸发，挥发分析出，将煤加热到着火温度。燃烧阶段的特点是：当煤粉温度上升到着火温度时，煤粉就会起焰着火，挥发分着火，放出热量，加热焦炭，使焦炭的温度迅速升高并燃烧。燃尽阶段的特点是：在此阶段未燃尽而被灰包围的少量固定碳继续燃烧，直到燃尽形成灰渣。

20. 如何做水位计的检修措施？

（1）关闭汽包水位计汽侧一、二次阀门；

（2）关闭汽包水位计水侧一、二次阀门；

（3）开启汽包水位计放水阀门。

21. 煤粉燃烧器的作用有哪些？

（1）炉内输送煤粉和煤粉燃烧所需要的空气；

（2）合理组织，使煤粉和空气得到充分混合；

保证燃料进入炉膛内能够迅速、稳定地着火和完全燃烧。

22. 受热面结焦积灰对锅炉汽温有哪些影响？

（1）蒸发受热面结焦时，会造成辐射传热量减少，炉膛出口烟温升高，使对流过热器吸热量增大，出口汽温升高。

（2）对流过热器积灰时，本身换热能力下降，出口汽温降低。

23. 汽包壁温差过大有什么危害？

当汽包上、下壁或内、外壁有温差时，将在汽包金属内产生附加热应力。这种热应力能够达到十分巨大的数值，可能使汽包发生弯曲变形、裂纹，缩短使用寿命。因此锅炉在启动、停止过程要严格控制汽包壁温差不超过40℃。

24. 锅炉漏风对排烟温度和排烟量有什么影响？

（1）漏风使排烟温度升高；

（2）漏风使排烟量增加。

25. 水的汽化方式有哪几种？

（1）蒸发：是在水的表面进行的较为缓慢的汽化过程。可以在任意温度下进行。

（2）沸腾：是在液体表面和内部同时进行的较为强烈的汽化现象。只有在液体温度达到其对应压力下的饱和温度时才会发生。例如，一个大气压力下，水温达到100℃时开始沸腾。

26. 过热器的热偏差有何危害？

在锅炉中，过热器是工作条件最差的受热面，一方面它内部的工质温度高，另一方面它布置在烟气温度较高的区域，使其管壁温度比较高；尽管高温过热器都采用了合金钢材，但其实际工作温度与该种钢材允许的最高温度相差不大；如果运行中出现热偏差，偏差管子的壁温有可能超过金属的允许工作温度而引起过热，这样会使管子蠕胀速度加快，甚至引起某些管子爆管。

27. 磨煤机停止运行时，为什么必须抽（吹）净余粉？

（1）磨煤机停止后，如果还残余有煤粉，就会慢慢氧化升温，最后会引起自燃爆炸；

（2）磨煤机停止后还有煤粉存在，下次启动磨煤机时，会造成带负荷启动；

（3）本来电动机启动电流就大，这样会使启动电流更大，特别对于中速磨煤机会更明显些。

28. 炉底漏入冷风后，为什么会使过热汽温升高？

（1）从底部漏入大量的冷风，降低了炉膛温度，延长了着火时间，使火焰中心上移，炉膛出口温度升高；

（2）造成过剩空气量增加；

（3）对流换热加强，导致过热汽温升高。

29. 如何防止和减少热偏差？

（1）燃烧器应尽可能均匀投入，每个燃烧器的负荷也力求均匀，以维持炉内良好的温度场和速度场，防止火焰中心发生偏斜；

（2）应及时进行吹灰和打焦，防止受热面积灰、结焦，引起热偏差；

（3）应尽可能采用双风机运行，如采用单风机运行，则应采取相应措施，使烟道两侧烟气流速均匀。

30. 受热面结渣对汽包锅炉的过热汽温有何影响？

（1）对汽包锅炉，当水冷壁结渣后，如保持燃料量不变，则锅炉的蒸发量将下降，同时因炉膛出口烟温升高，最终使过热汽温升高；

（2）如保持锅炉的蒸发量不变，则必须增加燃料量，同样使炉膛出口烟温升高，同时烟气量增加，使过热汽温升高；

（3）当汽包锅炉的过热器部分发生结渣时，则会由于锅炉蒸发量未变而过热器吸热量减少，从而导致过热汽温下降。

31. 滑参数启、停机组有何优越性？

（1）可以缩短机组启、停时间（大约可缩短 1/2），发电机并网时间可大大提前，增加了运行调度的灵活性。

（2）增加了机组的安全可靠性。热力设备在启、停过程中主要考虑的影响安全的因素，是金属的热胀冷缩问题。而滑参数启、停使金属的加热和冷却都很均匀。

（3）简化了锅炉的操作，省去了暖管、并汽时间。

(4)滑参数启、停机组可以缩短时间,从而减少了启、停的燃料消耗和工质消耗,并可以提前发电和利用余热发电,提高经济性。

32. 滑参数停炉过程中有哪些注意事项?

(1)注意控制汽温、汽压下降的速度要均匀;

(2)汽温不论任何情况都要保持 50℃ 以上的过热度,要特别防止气温大幅度变化;

(3)在滑停过程中,要始终监视和确保汽包上、下壁温差不大于 40℃;

(4)为防止汽轮机解列后的气压回升,应使锅炉灭火时的负荷尽量低些。

33. 锅炉启动前炉膛通风的目的是什么?

排出炉膛内及烟道内可能存在的可燃性气体及物质,排出受热面上的部分积灰。这是因为当炉内存在可燃物质,并从中析出可燃气体时,达到一定浓度和温度就能产生爆炸造成强大的冲击力而损坏设备;当受热面上存在积灰时,会增加热阻,影响换热降低锅炉热效率,甚至增大烟气的流阻。因此,必须以 30% 左右的额定风量,对炉膛及烟道通风 5～10min。

34. 什么是排烟热损失?影响其损失的主要因素有哪些?

排烟热损失是指排入大气的废烟气温度高于周围空气的温度所造成的损失;影响排烟热损失的主要因素是排烟量和排烟温度。

35. 为什么要限制磨煤机出口气粉混合物的温度?

煤粉发生爆炸的必要条件之一,是具有相当高的温度,系统中如有煤粉沉积并长时间与热空气相接触,便会逐渐氧化，然后自燃着火，形成自生的火源。温度越高，这个过程发展得越快。所以，防止煤粉爆炸的主要措施是根据不同的燃料和不同类型的制粉系统特点，保持磨煤机出口气粉混合物的温度不超过一定的限制值。

36. 过热器有几种型式？它们分别位于炉内什么部位？

过热器按传热方式分为对流过热器、辐射过热器和半辐射过热器。

对流过热器安装在对流烟道内，辐射式过热器布置在炉膛上部，半辐射式过热器布置在炉膛出口处。

37. 锅炉蒸发设备的作用如何？它由哪些部件组成？

蒸发设备的作用是，吸收燃料燃烧放出的热量，将水加热成饱和蒸汽；蒸发设备由汽包、下降管、水冷壁及联箱等组成。

38. 金属的超温与过热两者之间有什么关系？

金属的超温与过热在概念上是相同的，所不同的是，超温是指在运行中由于种种原因，使金属的管壁温度超过它所允许的温度，而过热是因为超温致使金属发生不同程度的损坏。也就是超温是过热的原因，过热是超温的结果。

39. 汽包水位的重要性是什么？

汽包水位是锅炉运行中必须严格监视和控制的重要参数之一。水位过高会造成蒸汽带水，损坏过热器和汽轮机设备；水位过低会造成锅炉缺水破坏水循环，使受热面烧坏，甚至引起锅炉爆炸。所以没有水位计的汽包锅炉是不允许投入运行的。

40. 回转式空气预热器工作原理是什么？

预热器由转子连续旋转，通过特殊形状的金属元件从烟气中吸收热量；然后将热量交换给冷空气。由于预热器转子缓慢地旋转，烟气和空气交替地流过受热元件。

41. 锅炉水压试验有几种？试验的目的是什么？

水压试验分工作压力试验和超水压试验两种；试验的目的是检验承压部件的强度及严密性。

42. 炉膛负压过大、过小有何危害？

（1）炉膛负压过大，将会增大炉膛和烟道漏风；

（2）炉膛负压过小（偏正），炉内火焰及烟灰向外冒，威胁设备及人身安全。

43. 锅炉运行调整的主要任务是什么？

（1）保持锅炉蒸发量在额定值内，并满足机组负荷的要求；

（2）保持正常的汽温、汽压；

（3）均匀给水，维持正常水位；

（4）保持炉水和蒸汽品质合格；

（5）保持燃烧良好，减少热损失，提高锅炉热效率；

（6）及时调整锅炉工况，尽可能维持各运行参数在最佳工况下运行。

44. 锅炉结焦的危害有哪些？

（1）引起汽温偏高；

（2）破坏水循环；

（3）增加排烟损失；

（4）锅炉出力降低；

（5）影响锅炉运行的安全性。

45. 锅炉启动过程中如何保护省煤器？

锅炉装有省煤器再循环管，当锅炉停止给水时，开启再循环管上再循环门，使汽包与省煤器之间形成自然循环回路，以冷却省煤器。

46. 安全门的作用是什么？

（1）将锅炉压力控制在允许的范围内，以确保锅炉安全运行；

（2）当锅炉压力超过允许值时，安全门自动启动排汽，以防锅炉超压事故发生。

47. 直吹式制粉系统有何优点？

其特点是系统简单，设备部件少，输粉管道阻力小。因此，系统电耗小。可根据锅炉负荷直接调整制粉系统的出力。在直吹系统中，当任意一台磨煤机解列或故障，瞬间就会影响锅炉负荷，降低了锅炉机组运行可靠性。为了提高可靠度，直吹系统在设计选择上要有较大的备用余量。

48. 轴承箱油位高、低有哪些危害？

轴承箱油位过高，轴承冷却效果不好，轴承温度偏高。轴承箱油位过低，轴承带油较少，会造成轴承温度升高，严重缺油时轴承不带油造成轴承烧损、设备停运事故。

49. 风机冷却水管堵如何处理？

冷却水管堵主要原因是冷却水含有杂物造成堵塞。当发生冷却水管堵现象时，应及时进行敲击，如处理不好及时通知检修处理。当轴承温度超过规定温度时，及时停止该设备运行。待处理完毕后投入该设备运行。

50. 冷炉上水对上水温度、时间如何规定？

（1）联系化学、汽机值班员准备足够的除盐水、脱氧水，水质合格，水温不超过 90℃，上水温度与汽包壁的温差不大于 50℃；

（2）上水时间为夏季不少于 2h，冬季不少于 4h，若上水温度与汽包壁温接近时，可适当加快上水速度。

51. 对流过热汽温如何随负荷变化？

对流过热汽温随负荷的增加而增加，随负荷的降低而降低。

52. 何为热态启动？

汽轮机高压缸上缸的内壁温度为150℃以上时，机组启动为热态启动。

53. 回转式空气预热器优缺点有哪些？

（1）优点：

① 回转式预热器结构紧凑；

② 占地面积小；

③ 除节约金属耗量外，还简化了锅炉尾部受热面布置。

（2）缺点：

① 回转式预热器结构复杂，制造工艺要求高；

② 回转式预热器漏风量大。

54. 过热蒸汽、再热蒸汽温度调整方法有哪些？

（1）正常运行时蒸汽温度的调整，可分别通过调节一、二级减温水量来进行调整；

（2）调整燃烧器摆角；

（3）调整燃料量；

（4）调整火焰中心；

（5）调整一、二次风的配比；

（6）受热面吹灰；

（7）必要时改变空气系数。

（8）改变燃烧器的运行方式。

55. 如何冲洗汽包水位计？

（1）开启放水阀门，使汽管，水管及水位计得到冲洗；

（2）关闭水阀门，冲洗汽管及水位计；

(3) 开启水阀门,关闭汽阀门,冲洗水管;

(4) 开启汽阀门,关闭放水阀门,恢复水位计运行。

56. 汽包水位高的现象有哪些?

(1) 汽包水位高报警,光字牌亮;

(2) 各水位计均显示水位高;

(3) 给水流量不正常,大于蒸汽流量;

(4) 严重满水时,主汽温度急剧下降,严重时主蒸汽管道内发生水冲击。

57. 轴流风机的工作特点是什么?

(1) 大流量低扬程、变工况性能好、重量轻;

(2) 结构复杂、旋转部件多、制造精度高、材质要求高;

(3) 运行可靠性差、易失速。

58. 运行中减少锅炉排烟损失的措施是什么?

(1) 控制排烟量;

(2) 保持适当的过剩空气量,减少锅炉漏风;

(3) 降低排烟温度,保持受热面清洁,防止结焦、积灰;

(4) 减少制粉系统漏风。

59. 燃烧调整的基本要求有哪些?

(1) 着火、燃烧稳定,蒸汽参数满足机组运行要求;

(2) 减少不完全燃烧损失和排烟热损失,提高燃烧经济性;

(3) 保护水冷壁、过热器、再热器等受热面的安全,不超温超压,不高温腐蚀;

(4) 减少 SO_x、NO_x 的排放量。

60. 空气预热器产生低温腐蚀的原因?

(1) 煤粉燃烧后生成 SO_2;

(2) SO_2 与烟气中 O_2 化合生成 SO_3;

(3) SO_3 与烟气中水蒸气混合生成硫酸蒸汽;

(4) 烟气中生成硫酸蒸汽使露点升高;

(5) 遇到低温受热面时凝结产生腐蚀。

61. 空气预热器低温腐蚀的危害有哪些?

(1) 使空气预热器受热面破裂;

(2) 烟气漏入空气中降低炉膛氧量;

(3) 降低锅炉效率;

(4) 降低空气预热器传热效率;

(5) 导致受热面积灰。

62. 影响空气预热器低温腐蚀的因素有哪些?

(1) 硫酸蒸汽的凝结量;

(2) 凝结液中硫酸的浓度;

(3) 受热面的壁温;

(4) 烟气中 SO_3 的含量。

63. 再热器的作用有哪些?

(1) 提高热力循环的热效率;

(2) 提高汽轮机排汽的干度,降低汽耗,减小蒸汽中的水分对汽轮机末几级叶片的侵蚀;

(3) 提高汽轮机的效率;

(4) 进一步吸收锅炉烟气热量,降低排烟温度。

64. 煤粉达到迅速而又完全燃烧必须具备哪些条件?

(1) 要供给适当的空气量;

(2) 维持足够高的炉膛温度;

(3) 燃料与空气能良好混合;

（4）有足够的燃烧时间；

（5）维持合格的煤粉细度、维持较高的空气温度。

65. 煤粉气流着火点的远近与哪些因素有关？

（1）原煤挥发分；

（2）煤粉细度；

（3）一次风温、风压、风速；

（4）煤粉浓度；

（5）炉膛温度。

66. 煤粉气流的着火温度与哪三个因素有关？它们对其影响如何？

与煤的挥发分含量、煤粉细度和煤粉气流的流动结构有关。挥发分越少，着火温度越高；反之，挥发分多，着火温度低。煤粉越粗，着火温度越高，反之煤粉越细着火温度越低。煤粉气流为紊流，对着火温度也有一定的影响。

67. 投入油枪时应注意的问题有哪些？

（1）检查油管上的阀门和连接软管等有无泄漏；

（2）检查油枪和点火枪等有无机械卡涩；

（3）就地观察油枪着火情况，有无雾化不良、配风不当的情况；

（4）油温和油压要符合规定；

（5）油中含水较多时，要先放水后再启动油枪。

68. 如何利用减温水对汽温进行调整？

目前汽包锅炉过热汽温调整一般以喷水减温为主，大容量锅炉通常设置两级以上的减温器。一般用一级喷水减温器对汽温进行粗调，其喷水量的多少取决于减温器前汽温的高低，应能保证屏式过热器管壁温度不超过允许值。二级减温器用来对汽温进行细调，以保证过热蒸汽温度的稳定。

69. 尾部烟道再燃烧的现象有哪些？

（1）尾部烟道烟气温度不正常突然升高；

（2）热风温度不正常地升高；

（3）炉膛和烟道负压剧烈变化；

（4）吸风机轴封和烟道不严密处向外冒烟或喷出火星、烟囱冒黑烟；

（5）严重时烟道防爆门动作。

70. 煤粉锅炉的积灰及结渣对锅炉运行有何危害？

（1）恶化传热，加剧结渣过程；

（2）换热量减少，出口温度升高，热偏差增大；

（3）水冷壁结渣、积灰较多时，易造成高温腐蚀；

（4）降低锅炉效率；

（5）结渣严重时，大块渣落下易砸坏水冷壁，造成恶性事故。

71. 制粉系统漏风过程对锅炉有何危害？

制粉系统漏风，会减小进入磨煤机的热风量，恶化通风过程，从而使磨煤机出力下降，磨煤电耗增大。漏入系统的冷风，最后是要进入炉膛的，结果使炉内温度水平下降，辐射传热量降低，对流传热比例增大，同时还使燃烧的稳定性变差。由于冷风通过制粉系统进入炉内，在总风量不变的情况下，经过空气预热器的空气量将减小，结果会使排烟温度升高，锅炉热效率将下降。

72. 褐煤的燃料特性是什么？

"三高一低"即：高灰分、高水分、高挥发分、低发热量。

73. 膜式水冷壁有什么优点？

（1）有良好的气密性，大大减少了炉膛漏风；

(2) 简化了炉墙结构，减轻了锅炉的重量；

(3) 能充分保护炉墙，不易结垢；

(4) 减少了安装工作量。

74. 电接点水位计的工作原理是什么？

电接点水位计的工作原理：是利用安装在测量筒内的电极对汽、水导电性能的差别，分别点亮不同的红灯、绿灯来显示汽包水位。

75. 轴承润滑油的作用是什么？

(1) 润滑油对轴承起到润滑作用：当轴转动时，轴和轴承的动静部分之间形成油膜，以防止动静部分摩擦；

(2) 对轴承起到冷却作用：轴和轴承的动静部分的接触，在高速转动时产生一定的热量，润滑油流经轴承时带走部分热量，冷却轴承；

(3) 润滑油对轴承起到清洗作用：轴承经过长时间工作会产生粒度很细的粉末，润滑油会携带部分粉末离去，以免粉末堆积，破坏油膜。

76. 转动机械轴承温度升高的原因有哪些？

(1) 轴承箱润滑油油位低、缺油或无油；

(2) 轴承箱润滑油油位高、油量过多；

(3) 油质不合格、油质乳化变质或油中含有杂质；

(4) 冷却水温度较高、冷却水管堵、冷却水压力低或冷却水中断；

(5) 油环不带油或不旋转；

(6) 轴承有缺陷或损坏；

(7) 由于电动机或轴承箱的地脚螺栓松动、对轮螺栓松动或轴安装不同心产生的振动，引起的轴承箱温度升高。

77. 锅炉运行技术经济指标有哪些?

热效率、标准煤耗率、耗电率、蒸汽成本,常把它们分成许多小指标进行考核。这些小指标有:汽温、汽压、产气量、排污量、炉烟含氧量、燃料消耗量、飞灰(灰渣)可燃物、煤粉细度、制粉电耗(输粉耗电率)、风机耗电率、除灰耗电率等。

78. 冲洗水位计时注意什么?

(1) 冲洗水位计时应侧身操作,不能直接对着水位计,防止水或汽发生泄漏喷出造成烫伤;

(2) 应穿专用的防烫伤工作服;

(3) 冲洗水位计时,应与司炉联系,以防水位计解列后造成司炉对水位判断出现失误而误操作。

79. 汽包壁温温差规定值是多少?温差过大的危害是什么?

中压锅炉汽包壁温差不大于40℃,高温高压锅炉汽包壁温差不大于50℃。

汽包壁温温差过大的危害是当汽包上壁温度大于汽包下壁温度时,汽包将弯曲变形,这时上壁伸长受到下壁的限制,因而,上壁受到压缩应力,下壁受到拉伸应力,应力过大就会造成汽包裂纹而损坏。

80. 怎样从火焰变化看燃烧?

煤粉锅炉燃烧的好坏,首先表现于炉膛温度,炉膛中心的正常温度一般达1500℃以上。若火焰充满度高,呈明亮的金黄色火焰,为燃烧正常。当火焰明亮刺眼且呈微白色时,往往是风量过大的现象。风量不足的表现为炉膛温度较低,火焰发红、发暗,烟囱冒黑烟。

81. 启炉过程中过热蒸汽温度低的原因有哪些？

（1）对空排汽阀门、炉顶各疏水阀门、机侧主汽阀门前疏水阀门，开得太小，过热器内的蒸汽流速较低，造成各过热器管壁温度温差较大，集汽联箱温度低；

（2）减温水截阀门不严；

（3）启炉时配风不当、燃烧效果不好、缺氧燃烧、火焰中心较低；

（4）启炉过程中，汽包水位较高，饱和蒸汽湿度较大；

（5）启炉过程中升压速度太快，升温、升压速度不平衡，出现汽压较高而汽温较低的现象；

（6）启炉过程中，汽侧主蒸汽门前疏水门开得小，蒸汽流速较低，主汽管道暖管缓慢，会出现炉侧集汽联箱温度较高、机侧温度较低的现象。

82. 锅炉什么情况下易出现虚假水位？

（1）在负荷突然变化时：负荷变化速度越快，虚假水位越明显，如遇汽轮机甩负荷；

（2）运行中燃烧突然增强或减弱，引起汽泡量突然增多或减少，使水位瞬时升高或下降；

（3）安全门动作时，由于压力突然下降，水位瞬时明显升高；

（4）锅炉灭火时，由于燃烧突然停止，锅水中汽泡量迅速减少，水位也瞬时下降。

83. 锅炉负荷的变化对汽包水位有何影响？

若负荷增加，如果给水量不变或增加不及时，蒸发设备中的水量逐渐被消耗，最终使汽包水位下降。反之水位上升。

84. 如何进行汽包水位调整？

（1）正常运行中，汽包水位应控制在正常水位 ±50mm 时投入给水自动调节器调整水位；

（2）若自动失灵时，应切换为手动调节；

（3）注意监视给水流量和蒸汽流量是否相符，给水量变化应该平稳，避免给水猛加猛减。

85. 锅炉低负荷运行时的注意事项？

（1）要保证入炉煤粉有足够的浓度；

（2）均衡每台磨煤机制粉量，控制磨煤机出口温度在规定范围内；

（3）二次风量不宜过大，尽量减少炉膛的漏风，风量大和底部漏风大都会使火焰不稳；

（4）启、停制粉系统操作要缓慢，要尽量减小对燃烧工况产生较大的冲击；

（5）发现燃烧不稳时应及时投油助燃。

86. 热工四级保护试验内容是什么？

一级保护：手动 MFT，压力高、压力低；

二级保护：送风机全停、引风机全停；

三级保护：炉膛灭火，燃料中断（燃油速断阀关、磨煤机全停、给煤机全停）；

四级保护：汽包水位高、汽包水位低、给水泵全停。

87. 锅炉停炉后为什么要开启过热器疏水阀门或对空排汽阀门？

锅炉在刚停炉后，由于锅炉内部蓄热，过热器同样处于热状态，并吸收相当一部分热量而加热蒸汽，使其温度升高；如果在过热器里的蒸汽不流动或流速太低，就会导致过热器管壁温度急剧升高而损坏；为了保证过热器的安全，在锅炉刚停后必须将过热器疏水阀门或对空排汽阀门适当开启，以冷却过热器。

  HSE 知识

（一）名词解释

1. **燃烧**：是指可燃物与氧化剂作用发生的放热反应，通常伴有火焰、发光和（或）发烟现象。

2. **闪燃**：在一定温度下，易燃、可燃液体表面上的蒸气和空气的混合气体与火焰接触时，能闪出火花但随即熄灭，这种瞬间燃烧的过程称为闪燃。

3. **自燃**：可燃物质在没有外部明火焰等火源的作用下，因受热或自身发热并蓄热所产生的自行燃烧的现象。

4. **着火**：可燃物受外界火源直接作用而开始的持续燃烧。

5. **爆燃**：可燃物质（气体、雾滴和粉尘）与空气或氧气的混合物由火源点燃，火焰立即从火源处以不断扩大的同心球，自动扩展到混合物存在的全部空间，这种以热传导方式自动在空间传播的燃烧现象。

6. **爆炸极限**：当可燃气体、可燃粉尘或液体蒸汽与空气（氧气）混合达到一定浓度时，遇到火源就会爆炸，这个浓度范围称为爆炸浓度或爆炸极限。

7. **火灾**：是指在时间或空间上失去控制的燃烧造成的灾害。

8. **冷却法**：将灭火剂直接喷射到燃烧物上，以降低燃烧物温度于燃点之下,使燃烧停止的灭火方法。

9. 窒息法:用于降低氧浓度来灭火的方法。

10. 隔离法:将燃烧物体与附近的可燃物隔离或将可燃物疏散开,使燃烧停止的灭火方法。

11. 特种设备:是涉及生命安全、危险性较大的设备和设施的总称。包括锅炉、压力容器(含气瓶)、压力管道、电梯、起重机械、客运索道、大型游乐设施。

12. 作业许可:是指在从事高危作业及临时性的、缺乏程序规定的非常规作业之前,为保证作业安全,必须取得授权许可方可实施作业的一种管理制度。

13. 风险:在 HSE 管理体系中是指某一特定危害事件发生的可能性与后果严重性的组合。风险是指特定事件发生的概率和可能危害后果的函数:风险 = 可能性 × 后果的严重程度。

14. 危险:是指可能导致事故的状态,它是指事物处于一种不安全的状态,是可能发生潜在事故的征兆。

15. 风险评价:是指评估风险程度以及确定风险是否可允许的全过程。

16. 风险控制:是利用工程技术、教育和管理手段消除、替代和控制危害因素,防止发生事故、造成人员伤亡和财产损失。

17. 进入受限空间作业:是指进入各类罐、炉膛、锅筒、管道、容器、阀井、排污池以及深度超过 1.2m 的坑、堤等进出受到限制和约束的封闭、半封闭空间、设备、设施的操作和检维修作业,且有中毒、窒息、火灾、爆炸、坍塌、触电等危害的空间或场所的作业。

18. 临时用电作业:在生产或施工区域内临时性使用

非标准配置 380V 及以下的低电压电力系统不超过 6 个月的作业。

19. 工作前安全分析：是指在作业前，由作业负责人组织施工作业人员辨识作业环境、场地、设备工具、人员，以及整个作业过程中存在的危害，从而提前制定防范措施，避免或减少事故发生的一种风险防控方法。

20. 事故：是人（个人或集体）在为实现某种意图而进行的活动过程中，突然发生的、违反人的意志的、迫使活动暂时或永久停止的事件。

21. 两书一表：是中国石油天然气集团有限公司基层组织 HSE 管理的基本模式，是 HSE 管理体系在基层安全生产管控的具体实施方法。"两书一表"是"HSE 作业指导书""HSE 作业计划书"和"HSE 现场检查表"。

22. 属地：员工所负责日常管理的工作区域，可包含作业场所、实物资产和人员。属地应有明确的范围界限，有具体的管理对象（人、物等），有清晰的标准和要求。

23. 属地管理：对属地内的管理对象按标准和要求进行组织、协调、领导和控制。

24. 事件：发生或可能发生与工作相关的健康损害或人身伤害（无论严重程度），或者死亡情况。事件的发生可能造成事故，也可能并未造成任何损失，因此说事件包括事故。

（二）问答

1. 燃烧分为哪几类？

燃烧按形成的条件和瞬间发生的特点，分为闪燃、着火、自燃、爆燃四种。

2. 燃烧必须具备哪几个条件？

燃烧必须具备三个条件：

（1）要有可燃物，如木材、纸张、棉纱、汽油、煤油、润滑油。

（2）要有助燃物，即空气中的氧或纯氧。

（3）要达到着火的温度，即达到物质的燃点。着火的三要素必须同时存在，缺少一个也不能燃烧。

3. 火灾过程一般分为哪几个阶段？

火灾过程一般可分为初起阶段、发展阶段、猛烈阶段、下降阶段和熄灭阶段。

4. 扑救火灾的原则是什么？

（1）报警早，损失少；

（2）边报警，边扑救；

（3）先控制，后灭火；

（4）先救人，后救物；

（5）防中毒，防窒息；

（6）听指挥，莫惊慌。

5. 灭火有哪些方法？

冷却法、窒息法、隔离法三种。

6. 目前油田常用的灭火器有哪些？

目前油田常用的灭火器有泡沫灭火器、二氧化碳灭火器、干粉灭火器等。

7. 对火灾事故"四不放过"的处理原则是什么？

（1）事故原因分析不清不放过；

（2）事故责任者和群众没有受到教育不放过；

（3）事故责任者没有受到处罚不放过；

（4）没有整改措施不放过。

8. 高空作业级别是如何划分的？

高处作业分为三级（作业高度用 h_w 表示），一级高处作业：$h_w > 30m$；二级高处作业：$5m < h_w \leq 30m$；三级高处作业：$2m \leq h_w \leq 5m$。

9. 登高巡回检查应注意什么？

（1）五级以上大风、雪、雷雨等恶劣天气，禁止登高检查；

（2）禁止攀登有积雪、积冰的梯子；

（3）2m 以上的登高检查和作业时必须系安全带。

10. 高处坠落的原因是什么？

高处坠落的原因：

（1）扶梯腐蚀、损坏；

（2）同时上梯人数超过规定；

（3）冰雪天气操作时未做好防滑措施；

（4）在设备上操作时未佩戴安全带或安全带悬挂位置不合适。

11. 安全带通常使用期限为几年？几年抽检一次？

安全带通常使用期限为 3～5 年，发现异常应提前报废。一般安全带使用 2 年后，按批量购入情况应抽检一次。

12. 为防止机械伤害事故，有哪些安全要求？

对机械伤害的防护要做到"转动有罩、转轴头套、区域有栏"，防止衣袖、发辫和手持工具被绞入机器。

13. 哪些伤害必须就地抢救？

触电、中毒、淹溺、中暑、失血。

14. 外伤急救步骤是什么？

止血、包扎、固定、送医院。

15. 高风险作业包括哪些？

动火作业、进入受限空间作业、移动式起重机吊装、管线打开作业、挖掘作业、临时用电、高处作业。

16. 进入受限空间氧气浓度和可燃气体浓度应满足什么条件？

受限空间内外的氧浓度应保持在 19.5% ～ 23.5%，受限空间内易燃易爆气体或液体挥发物的浓度应满足被测的可燃气体浓度应小于其与空气混合爆炸下限（LEL）的 10%。

17. 进入受限空间作业级别是如何划分的？

进入受限空间作业划分为三级，一级进入受限空间作业：指进入可能存在硫化氢、氨、苯、氯、甲醇、一氧化碳等有毒介质的受限空间内的作业；二级进入受限空间作业：指进入存在窒息、火灾、爆炸风险的受限空间内的作业；三级进入受限空间作业：除一级、二级以外的受限空间作业。

（三）风险

1. 回转式空气预热器再燃烧

1）危险点

设备损坏。

2）控制措施

（1）按定期工作要求投入蒸汽吹灰，处理异常投入油枪时必须投入蒸汽吹灰；

（2）合理配风；

（3）保持炉膛负压；

（4）保持锅炉燃烧稳定，避免未燃尽可燃物进入尾部烟道；

（5）排烟温度超过 250℃，紧急停炉；

(6) 当锅炉尾部烟道烟气温度高时,应及时采取措施,加强调整,投入蒸汽吹灰器,进行受热面吹扫;

(7) 当确认发生再燃烧时,应立即停炉;

(8) 经全面检查,确认设备无损坏时,得到总工程师批准,方可重新点火;

(9) 紧急停炉后停止吸、送风机,严密关闭各风门、挡板、烟道各孔门,严禁通风;投入蒸汽吹灰,使烟道充满蒸汽,并用消防水进行灭火。

2. SCR 催化剂失效损坏

1) 危险点

排放超标、停炉。

2) 控制措施

(1) 运行过程中,SCR 入口烟气温度控制在 300~420℃,高于 420℃或低于 300℃,紧急停止喷氨;

(2) 按要求投入蒸汽吹灰,处理异常投入油枪时必须投入蒸汽吹灰;

(3) 运行过程中加强监视 SCR 入口、出口烟气差;

(4) 加强运行调整,使得烟温及烟气压力符合 SCR 投入要求,当达到 SCR 退出要求时,禁止强制投入 SCR 装置。

3. 脱硝系统管路氨泄漏

1) 危险点

中毒窒息、爆炸、排放超标。

2) 控制措施

(1) 定期对氨相关设备、管路进行巡检,并定期检查氨泄漏报警装置;

(2) 严格控制氨空比及氨气逃逸率不超过 3%;

(3) 发现泄漏时,及时停止喷氨,关闭氨气母管电动阀，关闭喷氨调节阀，喷氨手动截阀门；

（4）现场检查处理和操作人员穿戴正压式呼吸器，携带气体检测仪器；

（5）巡检过程中必须随身携带测氨仪，注意空气中含氨量是否超标。

4. 油管道泄漏

1）危险点

火灾、窒息、烧烫伤、设备损坏。

2）控制措施

（1）稳定油系统供油压力；

（2）发现漏油及时联系处理，必要时停止该管路运行；

（3）现场检查处理和操作人员穿戴防烧烫伤工作服，防毒面具。

5. 烟道尾部再燃烧

1）危险点

设备损坏、火灾、烧烫伤。

2）控制措施

（1）采用合理的喷燃器配风；

（2）定期投入蒸汽吹灰；

（3）控制炉膛负压；

（4）现场检查和操作人员穿戴防烧烫伤工作服，防毒面具；

（5）采用合格的煤粉细度，及时调整燃烧；

（6）避免长期低负荷运行，避免点火初期不完全燃烧。

6. 锅炉高温炉烟除焦

1）危险点

高空坠落、机械伤害、烧烫伤。

2) 控制措施

(1) 保持锅炉燃烧稳定；
(2) 增大炉膛负压；
(3) 除焦期间禁止启停于此相关的转机设备；
(4) 有大块焦块下落时禁止除焦；
(5) 操作人员穿戴防烧烫伤工作服。

7. 冲洗汽包水位计

1) 危险点

高空坠落、烫伤。

2) 控制措施

(1) 冲洗水位计时，应站在水位计的侧面，打开阀门时应缓慢小心；
(2) 冲洗水位计时，应严格按照规程规定的操作顺序进行；
(3) 注意脸不得正对水位计，并戴防护手套；
(4) 水位计外部保护罩完备齐全，发现泄漏，禁止冲洗；
(5) 现场检查和操作人员穿戴防烧烫伤工作服，手套。

8. 锅炉灭火

1) 危险点

烧烫伤、设备损坏。

2) 控制措施

(1) 灭火后立即切断入炉燃料；
(2) 炉膛彻底通风排除可燃气体；
(3) 启炉前必须进行灭火保护性能试验；
(4) 现场检查和操作人员穿戴防烧烫伤工作服；
(5) 严禁用关小风门，继续供给燃料，以爆燃方式恢复着火；

（6）查明原因，并加以消除，然后才能重新点火，若短时间不能恢复时，即按正常停炉处理；

（7）避免长时间低负荷运行；

（8）吸、送风机运行可靠，保证炉膛负压稳定，减少炉膛漏风；

（9）合理配风，保证锅炉燃烧稳定；

（10）加强火检探头监视与维护，保证火检探头运行可靠。

9. 主蒸汽压力超压

1）危险点

设备损坏、烫伤。

2）控制措施

（1）降低锅炉负荷；

（2）开启对空排汽降压；

（3）现场检查和操作人员穿戴防烧烫伤工作服；

（4）保证主蒸汽压力表准确、可靠，经常校对汽机主汽压力表，发现问题及时处理。

10. 过热器管损坏

1）危险点

设备损坏、烫伤。

2）控制措施

（1）提高锅水品质；

（2）合理燃烧调整防止火焰偏斜，避免过热器管超温；

（3）合理运用减温水，避免过热器管超温；

（4）按启、停炉操作规程进行操作；

（5）避免水冷壁及过热器堵灰及结焦；

（6）防止主蒸汽汽压超压运行。

11. 水冷壁损坏

1）危险点

设备损坏、烫伤。

2）控制措施

（1）提高给水品质、加强定期排污，防止管内结垢；

（2）合理配风防止炉膛结渣；

（3）加强燃烧调整避免火焰偏斜；

（4）停炉后做好锅炉防腐工作；

（5）现场检查和操作人员穿戴防烫伤工作服。

12. 省煤器损坏

1）危险点

设备损坏、烫伤。

2）控制措施

（1）提高给水品质防止管内结垢；

（2）合理配风防止炉膛结渣，避免火焰偏斜；

（3）保证省煤器落灰管畅通；

（4）停炉后要做好锅炉防腐工作，检查防磨护板齐全可靠；

（5）现场检查和操作人员穿戴防烫伤工作服。

13. 蒸汽品质超标

1）危险点

设备损坏、烫伤。

2）控制措施

（1）提高锅炉给水品质；

（2）炉水含盐高时，加大连续排污量，提高锅水品质；

（3）进行定期排污并增加定期排污频率；
（4）现场检查和操作人员穿戴防烫伤工作服。

14. 地沟盖板翻塌
1）危险点

人身伤害。

2）控制措施

（1）发现地沟盖板残缺应绕行，不得强行通过；
（2）架设临时隔离带挂警示牌，防止他人跌倒摔伤；
（3）联系相关部门维修。

15. 防护栏缺失
1）危险点

人身伤害、高空坠落。

2）控制措施

（1）发现防护栏缺失应绕行，不得强行通过；
（2）设临时隔离带挂警示牌，防止他人高空坠落；
（3）联系相关部门维修。

16. 高温蒸汽设备给水管道泄漏
1）危险点

烫伤、设备损坏、高空坠落。

2）控制措施

（1）正确穿戴劳动保护用品；
（2）在可能产生漏汽设备区域工作，不得长时间停留；
（3）发现泄漏，应及时撤离到安全地带，做好隔离措施。

17. 锅炉冷灰斗地沟清焦
1）危险点

烧烫伤。

2) 控制措施

（1）作业人员应按规定着装，佩戴安全帽和使用安全用具；

（2）作业前，必需通知炉A操，适当提高炉膛负压，保持燃烧稳定；

（3）地沟两侧无杂物和大块物品，防止坠落；

（4）应指定专人监护，监护人员和作业人员应始终保持有效沟通；

（5）作业强度较大、时间较长时，应进行轮换作业；

（6）作业前停止捞渣机和碎渣机工作；

（7）作业过程中禁止启停制粉系统；

（8）作业现场必须有充足的照明。

18. 锅炉排污

1) 危险点

烫伤、人身伤害。

2) 控制措施

（1）排污时工作人员必须戴手套。在排污装置有缺陷或排污工作地点和通道上没有照明时，禁止进行排污工作；

（2）对排污系统进行检查，确认操作无误；

（3）排污系统有人正在检修时，禁止进行排污。在同一系统内，如有其他锅炉正在检修时，排污前应查明检修的锅炉确已和排污系统隔断；

（4）排污管道易被人碰触的部分，应加保温层，以免烫伤工作人员；

（5）定期排污前，应对排污系统进行检查，确认无误后，方可进行排污；

（6）排污前要进行疏水、暖管，阀门开关要缓慢，以防止造成管路冲击；

（7）定期排污时，不能两根排污管同时进行排污。

19. 锅炉打焦

1）危险点

烧烫伤、人身伤害。

2）控制措施

（1）除焦时工作人员必须穿着防烫伤的工作服、工作鞋，戴防烫伤的手套和安全用具；

（2）除焦时用的工具必须完整适用，正确使用打焦工具，用毕须将工具放在指定地点；

（3）除焦时，工作人员应站在平台上或地面上，不准站在楼梯上、管子上、栏杆上等地方，工作地点应有良好的照明；

（4）当燃烧不稳定或炉烟向外喷出时，禁止除焦。除焦工作开始前应先得到A操同意；

（5）除焦时，司炉应保持燃烧稳定，并适当提高燃烧室负压；在A操操作处所，应有明显的"正在除焦"的标志；

（6）不许同时打开两个检查孔和打焦口进行除灰、打焦工作。除焦时，两旁应无障碍物，以便有炉烟外喷或灰焦冲出时，工作人员可以向两旁躲避；

（7）在结焦严重或有大块焦渣掉落可能时，应停炉除焦；

（8）除灰人员禁止正对检查孔和打焦口进行检查和除灰、打焦工作；

（9）启停磨煤机时禁止除灰工作；

（10）除灰后严密关闭检查孔，并插好保护链。

20. 冷炉上水

1) 危险点

(1) 锅炉上水时，管壁金属腐蚀；

(2) 锅炉上水时，金属应力过大；

(3) 锅炉上水时，管道振动。

2) 控制措施

(1) 联系化学、汽机值班员准备足够的除盐水、脱氧水，水质合格，上水温度一般不超过90℃，上水温度与汽包壁的温差不大于50℃；

(2) 上水速度要严格控制，冬季不少于4h，夏季不少于3h；

(3) 上水过程中要严格控制汽包上、下壁温差不超过50℃，超过时禁止上水；

(4) 上水前应将给水管路空气阀门开启，待管路内空气排净后，再关闭；

(5) 检查锅炉上水系统流程正确，各阀门、堵板位置正确，操作好用；

(6) 阀门操作缓慢，选用合适工具。

第三部分
基本技能

 热电一公司 200MW 机组

（一）操作技能

1. 锅炉冷炉上水的操作。

准备工作：

（1）正确穿戴劳动保护用品；

（2）工用具、材料准备：F形勾扳手1把，手电筒一只。

操作程序：

（1）除盐水、脱氧水的水质合格，水温不超过90℃，上水温度与汽包壁的温差不大于50℃；

（2）上水时间夏季不少于2h、冬季不少于4h，上水温度与汽包壁温接近时，可适当加快上水速度；

（3）关闭定排总阀门，反冲洗阀门；

（4）将锅炉底部上水堵板换成活堵；

（5）关疏水泵去低压脱氧器的水阀门；

（6）开省煤机再循环阀门；

(7) 联系汽机值班员开脱氧器至疏水箱放水阀门，保持疏水箱水位 1/2 以上或开启除盐水补水；

(8) 启疏水泵待水压正常后开启锅炉下部上水总阀门及定期排污分阀门；

(9) 待汽包水位上至点火水位时停止上水；

(10) 停止疏水泵，关上水总阀门及定期排污分阀门；

(11) 关疏水箱除盐水门或关脱氧器放水阀门；

(12) 开去脱氧器上水阀门，将疏水泵出口倒至脱氧器；

(13) 将锅炉底部上水堵板换成死堵，开定排总阀门；

(14) 上水完毕应经常监视汽包水位变化，如水位下降，应查明原因，予以消除。

操作安全提示：

(1) 应联系化学运行人员化验水质合格；

(2) 做好上水准备工作，控制上水速度。

2. 转机拉合闸试验操作。

准备工作：

(1) 正确穿戴劳动保护用品；

(2) 工用具、材料准备：手电筒一只。

操作程序：

(1) 联系电气送吸、送风机、磨煤机、给水泵的试验电源，给煤机送工作电源；联系热工将给煤机变频电源解列，通知转机值班员做全面检查，转机具备启动条；

(2) 启甲、乙吸、送风机，抬起燃油速断阀；

(3) 开一次风挡板，启 1～6 号风扇磨煤机、1～6 号给煤机，启动的转机红灯亮、绿灯灭；

(4) 依次拉下 1～6 号给煤机、1～6 号风扇磨煤机、甲、乙吸、送风机开关，被停止的转机红灯灭、绿灯亮。

操作安全提示：

(1) 操作前认真核对名称、编号；

(2) 确认给煤机变频电源已解列。

3. 锅炉大联锁试验操作。

准备工作：

(1) 正确穿戴劳动保护用品；

(2) 工用具、材料准备：手电筒一只。

操作程序：

(1) 联系电气送吸、送风机、磨煤机、给水泵的试验电源，给煤机、空气预热器主、辅电动机送工作电源；联系热工将给煤机变频电源解列。通知转机值班员做全面检查，转机具备启动条件。

(2) 启动A、B空气预热器主电动机，投入主、辅电动机联锁。

(3) 启甲、乙吸、送风机，给水泵，抬起燃油速断阀。

(4) 开一次风挡板，启1~6号风扇磨煤机、1~6号给煤机，启动的转机红灯亮、绿灯灭。

(5) 投入锅炉总联锁，制粉系统联锁开关。

(6) 停止甲吸风机，则信号报警、事故喇叭报警，红灯灭、绿灯闪光，拉回吸风机开关，联锁不动作。停止乙吸风机，甲、乙送风机跳闸，1~6号风扇磨煤机跳闸，1~6号给煤机跳闸，燃油电磁阀关闭，红灯灭，绿灯闪光，将跳闸的开关拉回，事故喇叭解除。

操作安全提示：

(1) 操作前认真核对名称、编号；

(2) 各转机电流不应大于正常运行空载电流；

(3) 确认给煤机变频电源已解列。

4. 冲洗水位计操作。

准备工作：

(1) 正确穿戴劳动保护用品；

(2) 工用具、材料准备：F形勾扳手1把，手电筒一只。

操作程序：

(1) 关水侧一次阀门；

(2) 全关汽侧二次阀门后再开半圈；

(3) 开放水阀门用蒸汽冲洗水位计；

(4) 关放水阀门，开水侧一次阀门，运行一段时间后，再用水冲洗一次；

(5) 关汽侧一次阀门；

(6) 全关水侧二次阀门后再开半圈；

(7) 开放水阀门用水冲洗水位计；

(8) 关放水阀门，开启汽侧一次阀门；

(9) 全开水侧二次门投入水位计。

操作安全提示：

(1) 阀门开关要缓慢，防止管道振动；

(2) 水位计平台清洁无杂物。

5. 炉膛吹灰操作。

准备工作：

(1) 正确穿戴劳动保护用品；

(2) 工用具、材料准备：F形勾扳手1把，手电筒一只。

操作程序：

程控启动→1开主蒸汽源阀门V1→2疏水→3关疏水阀门MV1→4关疏水阀门MV2→5关疏水阀门MV3→6

运行 A1 → 7 运行 A2 → 8 运行 A3 → 9 运行 A4 → 10 运行 A5 → 11 运行 A6 → 12 运行 B1 → 13 运行 B2 → 14 运行 B3 → 15 运行 B4 → 16 运行 B5 → 17 运行 B6 → 18 运行 B7 → 19 运行 C1 → 20 运行 C2 → 21 运行 C3 → 22 运行 C4 → 23 运行 C5 → 24 运行 C6 → 25 运行 C7 → 26 关主蒸汽源阀门 V1 → 27 开疏水阀门 MV1 → 28 开疏水阀门 MV2 → 29 开疏水阀门 MV3 → 30 步数归零→程控完成。

操作安全提示：

（1）阀门开关要缓慢，防止管道振动；

（2）上下走梯注意安全。

6. 定期排污操作。

准备工作：

（1）正确穿戴劳动保护用品；

（2）工用具、材料准备：F 形勾扳手 1 把，手电筒一只。

操作程序：

（1）检查定期排污总阀门应全开；

（2）开启排污联箱疏水阀门，水疏净后关闭；

（3）全开排污一次阀门，缓慢开启二次阀门，排污时间每个 1min；

（4）排污完毕，先关二次阀门，再关一次阀门；

（5）依次对各联箱进行排污，不得同时开启两个联箱的排污阀门进行排污。

操作安全提示：

（1）阀门开关要缓慢，防止管道振动；

（2）上下走梯注意安全；

（3）注意汽包水位，防止减水。

7. 冷态启炉点燃油枪操作。

准备工作：

（1）正确穿戴劳动保护用品；

（2）工用具、材料准备：F形勾扳手1把，手电筒一只，点火乙炔罐一瓶。

操作程序：

（1）该角二次风门全关、油配风开至30%～45%，总热风全开（也可依据经验积累、自行调整）；

（2）确认各油角就地供油阀站和油燃烧器等各设备可靠、严密；

（3）打开该角就地供油阀站六个手动截阀门；

（4）确保点火枪退到位（绿色退到位指示灯点亮），油吹扫阀、油阀（绿色关到位指示灯点亮）；

（5）按下*角程控启油按钮→程序开始→推进油枪→开启吹扫阀吹扫→吹扫→关闭吹扫阀→推进点火枪→点火枪进到位后开始打火同时开油阀→火检有火→退回点火枪，点火程序结束。

操作安全提示：

（1）阀门开关要缓慢，防止管道振动；

（2）上下走梯注意安全；

（3）使用乙炔罐注意安全，防止烧伤、烫伤。

8. 间断升火保持压力法操作。

准备工作：

（1）正确穿戴劳动保护用品；

（2）工用具、材料准备：F形勾扳手1把，手电筒一只。

操作程序：

（1）锅炉熄火后，让其自然降压；

(2) 当二次汽压至 1.0MPa 时用一级旁路通汽充汽压至 2.0MPa；

(3) 一次汽压降至 1.0MPa 时，点油枪升压至 5.0MPa；

(4) 锅炉适当放水或上水，保持汽包可见水位；

(5) 开主汽阀门前疏水，防止汽轮机进汽。

操作安全提示：

(1) 加强与汽机联系；

(2) 使用 FSSS 点火装置注意安全，防止烧伤、烫伤。

9. **热炉放水操作。**

准备工作：

(1) 正确穿戴劳动保护用品；

(2) 工用具、材料准备：F 形勾扳手 1 把，手电筒一只。

操作程序：

(1) 停炉后，降压至 0.5～0.8MPa 时，全开各下联箱定排分阀门及定排总阀门迅速放水；

(2) 压力降至 0 后，开启蒸汽系统的空气阀门和疏水阀门，集汽联箱对空排汽阀门和事故放水阀门；

(3) 炉水全部放空后，可根据检修要求做措施。

操作安全提示：

(1) 操作时注意人身安全，防止汽水烫伤；

(2) 上下走梯注意安全。

10. **过热器反冲洗操作。**

准备工作：

(1) 正确穿戴劳动保护用品；

(2) 工用具、材料准备：F 形勾扳手 1 把，手电筒一只。

操作程序：

（1）开反冲洗阀门，关去除氧器水阀门，启疏水泵向锅炉上水；

（2）用事故放水连续放水，控制汽包水位；

（3）通知化学取样分析水质，待合格后结束冲洗，关过热器反冲洗阀门及定期排污阀门，停疏水泵，恢复原疏水系统的运行方式，按需要保持锅炉水位；

（4）冲洗过热器的排水，根据化学意见排掉或回收，将反冲洗活堵换死堵。

操作安全提示：

（1）Ⅰ、Ⅱ级旁路阀门已关闭严；

（2）汽包不允许起压。

11. 协调投入操作。

准备工作：

（1）负荷在 140MW 以上；

（2）至少有一台给煤机投入自动。

操作程序：

（1）DEH 允许；

（2）给煤机投自动；

（3）投入锅炉主控；

（4）投入功率主控。

操作安全提示：

（1）煤质太好、太劣时，应视情况是否投入协调；

（2）燃烧不稳禁止投入协调。

12. 制粉系统启动操作。

准备工作：

（1）正确穿戴劳动保护用品；

（2）工用具、材料准备：F形勾扳手1把，手电筒一只。

操作程序：

（1）磨煤机值班员检查，磨煤机、给煤机、回粉管检查完毕，合乎启动要求；

（2）开启一、二次风挡板，通知电气；

（3）磨煤机合闸后，监视启动电流，启动时间及风压变化，10s无处转数、电流最大经90s电流不返回立即停止；

（4）待磨煤机出口温度达80℃以上时，启动给煤机，达到正常，投入制粉系统联锁；

（5）通知燃料集控。

操作安全提示：

（1）严格控制磨煤机出口温度；

（2）启制粉前加强回粉管检查。

13. 制粉系统停止操作。

准备工作：

（1）正确穿戴劳动保护用品；

（2）工用具、材料准备：F形勾扳手1把，手电筒一只。

操作程序：

（1）对该磨煤机进行全面检查，并清理回粉管中的杂物；

（2）减少给煤量至最小，保持磨煤机出口温度不超过130℃；

（3）给煤量减到零时，切断联锁开关，停给煤机；

（4）控制磨煤机出口温度不超150℃，待煤粉基本抽净，停磨煤机；

（5）关二次风挡板，留20%开度，冷却燃烧器；

（6）30min后叶轮停止转动，关一次风挡板。

操作安全提示：

（1）严格控制磨煤机出口温度；

（2）停制粉前加强回粉管检查。

14. 紧急停磨操作。

准备工作：

（1）正确穿戴劳动保护用品；

（2）工用具、材料准备：F形勾扳手1把，手电筒一只。

操作程序：

（1）立即将磨煤机及给煤机操作开关拉至停止位置；

（2）关一、二次风挡板、热风门，控制磨煤机出口不超过120℃；

（3）投入备用磨煤机或投油枪稳燃，保持汽温、汽压稳定。

操作安全提示：

（1）严格控制磨煤机出口温度；

（2）操作前认真核对名称、编号。

15. 一次汽水压试验操作。

准备工作：

（1）正确穿戴劳动保护用品；

（2）工用具、材料准备：F形勾扳手1把，手电筒一只，对讲机一对。

操作程序：

（1）检查与锅炉水压试验有关的汽水系统；

（2）确认检修工作已结束，热力工作票注销，炉膛和锅炉尾部无人工作；

（3）汇报值长、联系汽机、化学值班员做好水压试验前的准备工作，并有防止汽轮机进水的措施；

（4）压力表经校验，准确可靠；

（5）汽水系统各压力表投入，电接点水位计投入，解列过热器安全门；

（6）检查汽水系统各阀门，位置应正确；

（7）上水；

（8）投推动；

（9）在水压试验时，应具备快速泄压措施，防止超压，水温一般30～70℃，试验环境温度应5℃以上，否则做好防冻措施；

（10）启动疏水泵，缓慢上水，待饱和汽、侧包墙、前屏过热器、后屏过热器、对流过热器、集汽联箱空气阀门来水后，分别将各空气阀门关闭；

（11）用点火小旁路或一、二级减温水系统缓慢升压，升压速度不大于每分钟0.3MPa，压力升到10MPa以上时，其升压速度不大于每分钟0.2MPa；

（12）压力升到汽包力15.1MPa，关闭点火小旁路1号、2号门，停止升压记录压力下降值，然后微开上水门保持汽泡压力15.1MPa，进行全面检查。

操作安全提示：

（1）试验就地压力表必须准确可靠，位置正确；

（2）在升压过程中以汽包就地压力表指示为准，就地设专人监视，时时与单控室操作人员沟通；

（3）一次汽水压试验，防止再热器超压。

16. 二次汽水压试验操作。

准备工作：

（1）正确穿戴劳动保护用品；

（2）工用具、材料准备：F形勾扳手1把，手电筒一只，对讲机一对。

操作程序：

（1）再热器冷段入口、热段出口、再热器热段微循环管路上加堵板；

（2）解列再热器热段安全门；

（3）通过疏水泵经临时管道将再热器上满水；

（4）汽机启给水泵，开抽头阀门；

（5）开一侧减温水电动阀门，缓慢上水，待空气阀门跑水后，关空气阀门；

（6）用减温水调节阀门控制升压速度，升压速度每分钟不超过0.3MPa；

（7）再热器压力经5min下降值不超过0.25MPa为合格；

（8）合格后开再热器疏水降压，降压速度每分钟不超过0.5MPa，待压力降至零，开空气门、再热器疏水将水放净。

操作安全提示：

（1）试验就地压力表必须准确可靠，位置正确；

（2）确保隔离措施可靠。

17. 安全阀门定陀操作。

准备工作：

（1）正确穿戴劳动保护用品；

（2）工用具、材料准备：F形勾扳手1把，手电筒一只，耳塞一副，对讲机一对。

操作程序：

（1）通知汽机安全阀门定铊，要求严密关闭电动主闸门，开主闸门后疏水阀门；

（2）对空排汽应试验好用，并装有就地操作开关，一、二级旁路具备投入条件；

（3）投入两块就地水位计；

（4）蒸汽压力表校准；

（5）安全阀门压力继电器定值正确；

（6）主蒸汽、再热蒸汽安全阀门、取样阀门处于关闭位置；

（7）上水；

（8）投推动；

（9）启动吸、送风机，逐渐点燃两个对角油枪；

（10）适当开启对空排汽，控制升压速度不得太快；

（11）当压力升至 3.9MPa 时通知检修脉冲管路吹扫并连接进汽法兰；

（12）锅炉压力升到 9.8MPa 时，通知分厂、检修做好调试准备工作；

（13）压力升至 13.7MPa 时，开启调整脉冲安全阀门取样阀门，适当关小对空排汽；

（14）压力升至 16.3MPa 时，A 操保持压力，进行汽包工作脉冲安全阀门的启动调节，直到启回座压力合乎要求后调整试验完毕，投入运行；

（15）锅炉降压，按 16.3MPa、15.87MPa、14.8MPa、14.4MPa 的顺序依次由高到低进行调整试验；

（16）脉冲安全阀门调整试验完毕后，锅炉可进行升压，分别至安全阀门的动作压力，校验安全阀门灵活性；

（17）通知热工人员将单控室安全阀门联锁开关送电，进行安全阀门远方操作启回座试验；

（18）主蒸汽安全阀门调整试验工作完毕后，按正常操作降压，控制降压速度，防止汽包壁温差过大。

操作安全提示：

（1）阀门操作缓慢小心；

（2）加强过热器及再热器管壁温度的监视；

（3）严格按升压曲线控制，不能过快；

（4）合理控制一二级旁路开度。

18. SCR反应器正常停运操作。

准备工作：

（1）正确穿戴劳动保护用品；

（2）工用具、材料准备：F形勾扳手1把，手电筒一只，耳塞一副，对讲机一对。

操作程序：

（1）继续进行锅炉的标准停机步骤。

（2）最后停机阶段，反应器用蒸汽气进行吹扫。

（3）当烟温达SCR退出温度，关闭来氨总阀门及分阀门。

（4）保持稀释风机一直运行，供应空气对混合器进行吹扫，防止发生爆炸；停机后，用稀释空气吹扫反应器。如果稀释风机出现故障不能运行，则用自然通风吹扫反应器。之后，停用稀释风机。

操作安全提示：

（1）各阀门必须准确可靠，位置正确；

（2）各段烟气温度表准确。

19. 脱硝系统紧急停机操作。

准备工作：

（1）正确穿戴劳动保护用品；

（2）工用具、材料准备：F形勾扳手1把，手电筒一只，耳塞一副，对讲机一对。

操作程序：

（1）通过手动或自动关闭氨切断阀，停止供氨，从而达到脱硝系统系统的紧急停机。

（2）在设备电源中断或其他原因时脱硝系统紧急停机步骤的顺序如下。如果不能供应仪用空气，脱硝系统系统应按照"正常停机步骤"进行停机。

（3）断电前将所有处于运行状态的设备切换到"停止"模式。

（4）发生如下情况时，应立即确认氨切断阀是否被自动关闭。

① 锅炉紧急停机；

② 反应器进口烟气温度低；

③ 氨/空气混合比高；

④ 断电。

（5）当电源还可用时，保持稀释风机继续运行，对氨喷射管道进行吹扫。如锅炉仍在运行，一旦系统跳闸原因查明并恢复，按正常启动步骤启动脱硝系统；如果锅炉难以恢复正常运行，应使稀释风机一直运行，将残留在混合器和管道中的氨气吹扫干净，然后继续正常停机步骤。

（6）用热电偶及烟气分析仪来确认脱硝系统反应器的内部状态。

20. 回转式空气预热器的启动。

准备工作：

(1) 正确穿戴劳动保护用品；

(2) 工用具、材料准备：F形勾扳手1把，手电筒一只，耳塞一副，对讲机一对。

操作程序：

(1) 确认回转式空气预热器检修工作已全部结束；

(2) 确认吹灰汽源，吹灰参数符合规定，确认消防设备在备用状态；

(3) 转子停转报警投入状态；

(4) 冷却水系统已投入；

(5) 吹灰蒸汽已投入；

(6) 启动主电动机（主变频启动），检查空气预热器转动方向正确，观察电流值；

(7) 转子停转报警信号消失；

(8) 全面检查空气预热器，确认运行正常；

(9) 投入空气预热器主、辅电动机联锁；

(10) 新安装和改造后的回转式空气预热器要经过不少于48h的试运行，大小修后的回转式空气预热器不小于4h的试运行。

21. 回转式空气预热器的停运。

准备工作：

(1) 正确穿戴劳动保护用品；

(2) 工用具、材料准备：F形勾扳手1把，手电筒一只，耳塞一副，对讲机一对。

操作程序：

(1) 在减负荷前，进行空气预热器吹灰；

（2）停送风机、引风机保持送、引风机挡板置于15%左右开度（监视汽包壁温，防止汽包避温差过大）；

（3）如暖风器投入，停暖风器；

（4）停炉后要密切监视回转式空气预热器轴承温度；

（5）保持回转式空气预热器运转直至排烟温度降到80℃以下，关闭送、引风机挡板；

（6）解除主、辅电动机联锁；

（7）停回转式空气预热器主电动机；

（8）回转式空气预热器停运前后，注意监视烟、风温及壁温情况，防止火灾；

（9）若回转式空气预热器受热面需清洗，则在锅炉停运后回转式空气预热器入口烟气温度降至200℃时，方可进行回转式空气预热器水冲洗工作。

22. 回转式空气预热器减速机主辅电动机互为备用切换的操作方法。

准备工作：

（1）正确穿戴劳动保护用品；

（2）工用具、材料准备：F形勾扳手1把，手电筒一只，耳塞一副，对讲机一对。

操作程序：

（1）在主电动机回路出现故障时，程序自动将主回路切换至辅回路；

（2）在主回路检修完毕后，辅电动机切换至主电动机时采取手动切换；

（3）手动切换时先按动辅电动机停止按钮，延时大约40s之后再启动主电动机，这样可以保证系统由辅电动机切换到主电动机时的可靠性和安全性；

（4）进行周期性将主辅回路相互切换操作时，采取手动切换。

（二）常见故障判断与处理

1. 锅炉满水故障有什么现象？故障原因是什么？如何处理？

故障现象：

（1）所有水位计指示高于正常水位；

（2）水位高信号灯亮，音响报警；

（3）给水流量不正常地大于蒸汽流量；严重满水时，汽温急剧下降，蒸汽管道发生水冲击；

（4）蒸汽含盐量增加；

（5）汽包水位 +250mm 时，水位保护动作。

故障原因：

（1）给水自动调节器动作失灵，给水调整阀门、给水泵调速系统故障；

（2）低地水位计失灵，指示偏低，使运行人员判断错误或误操作；

（3）负荷突变，运行人员控制不当；

（4）正常运行对水位监视不够或误操作；

（5）给水自动调节器自动切除，运行人员发现不及时。

处理方法：

（1）发现水位高于正常变化范围，对照汽、水流量，核对水位计指示是否正确；

（2）证实水位高，解列自动，关小给水调整阀门或调整给水泵转速；

（3）开事故放水，水位正常后关闭；

（4）汽包水位高于正常水位 +250mm，应：

① 立即停止锅炉运行，通知汽机、电气、汇报值长；

② 停止给水，全开事故放水，解列减温器，开省煤器再循环；

③ 开对空排汽及集汽联箱疏水，联系汽机开电动主闸门前疏水；

④ 汽包水位下降至正常水位，关事故放水阀门，维持正常水位，请示值长，重新点火，接代负荷。

2.水冷壁损坏有什么现象？故障原因是什么？如何处理？

故障现象：

（1）汽包水位低，严重时水位急剧下降，给水流量不正常地大于蒸汽流量；

（2）炉膛负压变正，从检查孔、门、炉墙不严密处向外喷烟气和水蒸气，并有泄漏声；

（3）各段烟温下降，蒸汽流量、压力下降；

（4）燃烧不稳、火焰发暗，严重时锅炉灭火。

故障原因：

（1）给水、炉水质量不合标准，使管内壁结垢、腐蚀；

（2）燃烧方式不合理，长期低负荷运行，排污阀门泄漏，锅炉结渣等原因，使水冷壁受热不均匀造成水循环破坏；

（3）管内有杂物堵塞使管壁过热；

（4）焊接质量不佳，管材不合格；

（5）个别管被煤粉磨损，吹灰水使管壁产生热疲劳或吹损减薄；

（6）大渣块跌落，将冷灰斗管壁砸坏；

(7) 锅炉严重缺水使管子过热爆破；

(8) 水冷壁膨胀受阻。

处理方法：

(1) 水冷壁管泄漏不严重能维持正常水位，可降压降负荷，汇报值长请示停炉；

(2) 水冷壁管爆破不能维持正常水位，立即停炉，停炉后继续加强上水，水位不能回升停止上水，省煤器再循环严禁开启；

(3) 锅炉补水时间不宜太长，以免汽包上、下壁温差大；

(4) 停炉后保留一台吸风机运行，排除炉内烟气和蒸汽后停止；

(5) 停止电除尘运行。

3. 省煤器损坏有什么现象？故障原因是什么？如何处理？

故障现象：

(1) 汽包水位下降，给水流量不正常大于蒸汽流量；

(2) 省煤器泄漏处有响声，从孔门及烟道不严密处向外喷烟气和水蒸气；

(3) 省煤器落灰管有湿灰或灰水；

(4) 省煤器后烟气两侧温差大，泄漏侧烟温降低。

故障原因：

(1) 省煤器管内结垢、腐蚀、管壁磨损；

(2) 焊接质量不佳，管材不合格；

(3) 管内有杂物堵塞；

(4) 启、停炉过程中省煤器再循环阀门使用不正确，对省煤器没保护好。

处理方法：

(1) 省煤器泄漏不严重能维持正常水位，降压、降负荷请示停炉；

(2) 省煤器管爆破不能维持正常水位，立即停炉；

(3) 停炉后应继续向锅炉上水并关所有排污阀门、放水阀门，水位维持不住应停止进水；

(4) 停止上水后严禁开省煤器再循环；

(5) 联系除尘停电除尘。

4. 锅炉灭火有什么现象？故障原因是什么？如何处理？

故障现象：

(1) 炉膛负压突然增大，一、二次风压突然减少；

(2) 炉膛变黑，火焰监视器发出灭火信号；

(3) 灭火保护动作；

(4) 汽温、汽压、蒸汽流量下降；

(5) 汽包水位先低后高。

故障原因：

(1) 吸、送风机、磨煤机、给煤机全部跳闸；

(2) 全燃油时，油管道供油中断，燃油速断阀自动脱落，油中大量带水或杂质过多，燃油系统故障；

(3) 全燃粉时，煤质变坏，挥发分太低，煤粉过粗，制粉系统堵煤，断煤处理不当；

(4) 低负荷运行时，运行人员调整不当，燃烧不稳造成灭火；

(5) 水冷壁爆破，制粉系统爆破；

(6) 炉膛内大面积塌渣；

(7) 灭火保护装置误动；

(8) 汽包水位保护动作。

处理方法：

（1）立即停止给煤机、磨煤机，关闭燃油速断阀，禁止向炉内供应燃料；

（2）解列减温器，联系汽机值班员将负荷减至最低，控制好汽温、水位；

（3）调整炉膛负压通风，通风时间 5～10min；

（4）停电除尘，增压风机，解列灭火保护，水位保护；

（5）查明原因，加以消除，然后重新点火，若短时间不能恢复时，按正常停炉处理；

（6）严禁关小风门，继续供给燃料，以爆燃方式恢复着火。

5. 尾部再燃烧有什么现象？故障原因是什么？如何处理？

故障现象：

（1）尾部烟道烟气温度不正常地突然升高；

（2）热风温度不正常地升高；

（3）炉膛和烟道负压剧烈变化；

（4）吸风机轴封和烟道不严密处向外冒烟和喷火星，严重时烟道防爆门爆破；

（5）再热汽温不正常升高；

（6）炉膛燃烧不稳，氧量指示值小。

故障原因：

（1）运行中对燃烧调整不当，煤粉粗，风量不足，油燃烧器雾化不好，使未燃尽的可燃物积存在尾部受热面或烟道内；

（2）长期低负荷运行，烟速低，烟道积存大量可燃物；

（3）启、停炉燃烧调整不当，通风不好，使可燃物积存在烟道内；

（4）未按规定进行吹灰。

处理方法：

（1）当发现锅炉尾部烟道烟气温度高时，应及时采取措施，加强燃烧调整，投入蒸汽吹灰器，进行受热面吹扫；

（2）当检查确认发生再燃烧时，应立即停炉，同时按下列措施进行处理：

① 停止吸、送风机，严密关闭各风门、挡板、烟道各孔门，严禁通风；

② 投入蒸汽吹灰，使烟道充满蒸汽，并用消防水进行灭火；

③ 锅炉应进行连续上水和同时进行放水，降低省煤器温度；

④ 开启再热器事故喷水，降低再热器管壁温度；

⑤ 联系汽机投入一、二级旁路，开启对空排汽阀门；

⑥ 当烟道烟气温度有明显下降，检查各部烟道确无燃烧时，关闭消防水阀门，蒸汽吹灰阀门；

⑦ 停止锅炉上水和放水工作；

⑧ 经全面检查，确认设备无损坏时，得到总工程师批准，方可重新点火。

6. 负荷骤减有什么现象？故障原因是什么？如何处理？

故障现象：

（1）汽压急剧升高，蒸汽流量急剧下降；

（2）控制不当时安全阀门动作；

（3）汽包水位先低而后高；

（4）蒸汽温度升高。

故障原因：

（1）电气系统发生故障；

（2）汽轮机主汽阀门调速汽阀门自行关闭；

（3）发电机发生故障；

（4）汽轮机保护动作。

处理方法：

（1）根据负荷下降情况，可适当减少给煤量，必要时可停止部分和全部磨煤机或部分油枪；

（2）根据汽温变化情况及时调整减温水量，过低时解列减温器；

（3）将给水改为手动，加强对汽包水位控制；

（4）负荷甩到零时，停止全部磨煤机，投入或保留少量油枪，采取措施，防止汽温大幅度下降；

（5）联系汽机开启一、二级旁路，并开启对空排汽阀门；

（6）若安全阀门动作，压力降到工作压力时仍不回座，可手操开关，强制拉回无效时，可解列并向上级汇报；

（7）因故障无法恢复时，待值长下令，锅炉即可熄火停炉。

7. 吸风机跳闸有什么现象？如何处理？

故障现象：

（1）事故喇叭报警；

（2）电流表指示回零；

（3）炉膛负压变正，向外喷烟灰；

（4）联锁投入时，若运行中两台吸风机跳闸，转机按联锁依次跳闸，锅炉灭火。

处理方法：

（1）投油，停止 1～2 台磨煤机，调整风量，保持燃烧稳定；

（2）将跳闸风机开关拉回到停止位置，关闭该风机的入口挡板；

（3）将未跳闸的风机保持最大出力运行，但电流不能超过额定值；

（4）联系值长减负荷，保持一台风机在允许负荷情况下运行；

（5）根据汽温情况关小或解列减温水；

（6）手动控制汽包水位；

（7）若两台吸风机或两台送风机同时跳闸时，按锅炉灭火处理。

8. 中压缸调速汽门自动关闭有什么现象？如何处理？

故障现象：

（1）再热器出入口压力迅速升高，严重时，再热器出入口安全阀门动作；

（2）主汽压力升高；

（3）主蒸汽流量减少，负荷下降。

处理方法：

（1）联系汽机开启二级旁路及再热器对空排汽阀门，使再热器安全阀门尽快回座；

（2）报告值长并联系汽机值班员降低负荷；

（3）联系汽机值班员适当降低主蒸汽压力使再热器不超压为准；

（4）联系汽机尽快使中压缸调整汽门恢复正常；

（5）严禁开启一级旁路。

9. 磨煤机跳闸有什么现象？如何处理？

故障现象：

（1）事故喇叭报警，跳闸磨煤机电流表指示回零；

（2）相应的给煤机跳闸，电流表回零；

（3）燃烧室负压变大；

（4）汽温、汽压、蒸汽流量下降；

（5）跳闸的磨煤机出口一次风压下降入口负压变小。

处理方法：

（1）投油枪或增加运行中给煤机的转速；

（2）手动控制汽温水位；

（3）拉回跳闸磨煤机、给煤机开关；

（4）关小吸风机入口挡板，保持燃烧室负压稳定；

（5）若两台以上磨煤机同时跳闸时，多投油枪，启备用制粉，报告值长，联系汽机值班员减负荷；

（6）待跳闸磨煤机查明原因，处理完毕，方可重新启动；

（7）若无油枪运行时，全部运行中的磨煤机跳闸，应按锅炉灭火处理。

10. 回粉管有什么现象？如何处理？

故障现象：

（1）磨煤机电流下降；

（2）汽温、汽压、负荷下降；

（3）磨煤机出口温度高；

（4）磨煤机出口风压及入口负压增大；

（5）燃烧不稳，负压波动大。

处理方法：

（1）投油稳燃；

（2）减少给煤量；

（3）关闭回粉管插板，打开检查孔，清理回粉管内杂物；

（4）缓慢进行回粉管内积粉的放粉工作；

（5）运行中不能处理时，应停止磨联系检修处理。

11. 正常停炉冷却有什么要求？

（1）锅炉压力尚未降到零时，各仪表和远方操作电源仍应投入，并有专人监视，保持汽包水位，水位降到最低点应进行补水；

（2）停炉 4～6h 以内严密关闭吸送风机入口挡板及各人孔门、检查孔，以免锅炉急剧冷却；

（3）停炉 4～6h 后，打开吸送风机入口挡板及锅炉各人孔、检查孔，进行自然冷却、通风，若需要加快冷却时，可增加锅炉上、放水的次数；

（4）停炉 18h 后，汽包壁温差不超过 50℃，压力降到零，根据检修要求启动一台吸风机进行冷却，若汽包壁温较大，冷却操作应缓慢或迟后进行；

（5）当锅炉汽压降到零后，开启各空气阀门、疏水阀门，从定排放掉炉水，若锅炉有缺陷，放水温度不大于 80℃，若利用余热炽干受热面，汽压降到 0.5～0.8MPa 带压放水。

12. 设备定期试验项目有哪些？

（1）接班前事故音响、热工报警信号试验；

（2）接班后 30min 给水扰动信号试验验；

（3）每月 5 日白班给水大旁路定期运行试验；

（4）每月 7 日白班对空排汽、事故放水、过热器疏水，汽包疏水电动阀门开关；

（5）季度首月 8 日白班安全阀门热工电气回路开关试验；

（6）每月 10 日白班转机冷却水泵轮换；

（7）每周一、三、五白班汽包水位计定期冲洗工作；

（8）日期为奇数的后夜班定期排污；

（9）送风机入口挡板 5 月 1 日导室内，10 月 1 日导室外。

13. 什么情况下应紧急停炉？

（1）锅炉满水，汽包水位计指示 +250mm；

（2）锅炉减水，汽包水位计指示 -200mm；

（3）所有水位计损坏；

（4）主汽、再热汽、主给水管道发生爆破；

（5）尾部再燃烧，排烟温度超过 250℃；

（6）所有吸、送风机停止；

（7）再热蒸汽中断，再热器干烧；

（8）压力升高到安全阀门动作压力，安全阀门拒动，对空排汽打不开；

（9）炉膛或烟道发生爆炸；

（10）锅炉灭火；

（11）炉管爆破不能维持汽包水位；

（12）厂房发生火警，影响安全运行。

14. 安全阀门定陀注意事项有哪些？

（1）汽包上下壁温差不许超过 50℃；

（2）屏式过热器壁温不得超温；

（3）再热器管壁不得超温；

（4）安全阀门动作时，及时调整，保持水位稳定；

(5) A操记录主控压力与就地压力的误差；

(6) 记录好安全阀门启、回座压力。

15. 除焦注意事项有哪些？

(1) 穿戴好防烫伤的劳动保护，裤脚放在靴子外面；

(2) 正确使用打焦工具；

(3) 现场整洁，有躲避余地；

(4) 联系A操，得到允许后方可进行，并挂正在除焦的警告牌；

(5) 禁止正对检查孔进行检查；

(6) 不许同时打开两个检查孔除焦；

(7) 启停磨煤机、燃烧不稳禁止除焦；

(8) 除焦完毕严密关闭检查孔，并插好保护链。

16. 高加跳锅炉有什么现象？如何处理？

故障现象：

(1) 给水温度下降；

(2) 排烟温度下降；

(3) 再热器压力升高；

(4) 负荷，主汽压力升高。

处理方法：

(1) 减负荷180MW以下；

(2) 监视再热器压力不超过规定值；

(3) 手动控制汽温，水位；

(4) 联系汽机尽快恢复高加运行。

17. 锅炉减水故障有什么现象？故障原因是什么？如何处理？

故障现象：

(1) 所有水位计指示低于正常水位；

(2) 水位低信号灯亮、音响报警；

(3) 给水流量不正常地小于蒸汽流量；

(4) 严重缺水时蒸汽温度升高，温度自动投入时，减温水流量增加；

(5) 水位达到 -200mm 时，水位保护动作。

故障原因：

(1) 给水自动调整器动作失灵，给水阀门、给水泵调速系统故障；

(2) 低地水位计失灵，使运行人员判断错误而误操作；

(3) 负荷突然变化，运行人员控制不当；

(4) 正常运行时，对水位监视不够或误操作；

(5) 给水自动调节器自动切除，运行人员发现不及时；

(6) 锅炉给水、排污系统泄漏严重或爆管。

处理方法：

(1) 发现水位高于正常变化范围，对照汽、水流量，核对水位计指示是否正确；

(2) 证实水位低时，解列自动开大给水阀门或调整给水泵转速，若给水调整阀门被卡时，投入旁路给水管道；

(3) 给水压力低，联系汽机提高给水压力或启动备用给水泵；

(4) 若进行排污时，立即停止排污；

(5) 汽包水位低于 -200mm 时，应：

① 立即停止锅炉运行，通知汽机、电气、汇报值长；

② 关闭给水阀门解列减温器，关闭连续排污及取样阀门；

③ 将情况汇报值长，上水时间由总工程师决定。

18. 汽水共腾有什么现象？故障原因是什么？如何处理？

故障现象：

（1）汽包水位发生剧烈波动，各水位计指示摆动，就地水位计看不清水位；

（2）蒸汽温度急剧下降；

（3）严重时蒸汽管道内发生水冲击；

（4）饱和蒸汽含盐量增加。

故障原因：

（1）炉水质量不合格；

（2）排污不及时，炉水处理不符合规定；

（3）化学加药调整不当；

（4）负荷增加过快，汽水分离装置损坏。

处理方法：

（1）降低锅炉蒸发量，保持稳定运行；

（2）开大连续排污，加强定期排污；

（3）开集汽联箱疏水，通知汽机开主闸门前疏水；

（4）通知化学对炉水加强分析；

（5）水质未改善前保持锅炉负荷稳定。

19. 汽水管道水冲击有什么现象？故障原因是什么？如何处理？

故障现象：

（1）管道有冲击、振动现象；

（2）汽水压力摆动。

故障原因：

（1）上水时未排尽管道内的空气；

（2）给水泵运行不正常，水压变化大；

（3）给水管道支、吊架不牢；

（4）给水阀门两侧压差大；

（5）给水温度剧烈变化。

处理方法：

（1）关小给水阀门，将给水管道空气阀门全开，排净管内空气；

（2）联系汽机保持给水压力，温度稳定；

（3）联系检修处理不牢固支、吊架。

20. 燃油系统故障有什么现象？如何处理？

故障现象：

（1）燃油压力表指示低或到零；

（2）炉膛负压大；

（3）燃烧不稳，烟囱冒烟；

（4）全烧油时，锅炉灭火，油压降到零；

（5）蒸汽流量、汽温、汽压下降；

（6）汽包水位先低而后高。

处理方法：

（1）当发现供油压力低时，及时检查盘前指示和供回油母管速断阀是否正常；

（2）汇报值长，并联系油泵值班员，提高油压；

（3）根据压力，适当减负荷，油压正常后联系汽机值班员保持原负荷；

（4）全烧油时，若油压降到零时，按灭火处理。

21. 一次风管堵有什么现象？故障原因是什么？如何处理？

故障现象：

（1）磨煤机出口风压增加，入口负压减小；

(2) 已堵的一次风口无煤粉喷出；

(3) 锅炉汽压、汽温、蒸发量下降，氧量值增大，燃烧不稳；

(4) 一次风压异常。

故障原因：

(1) 磨煤机通风量过小，出口温度过低；

(2) 燃烧器喷口处结焦；

(3) 磨煤机叶轮磨损严重，煤粉过粗；

(4) 磨煤机有堵塞现象，造成出口风压降低；

(5) 一次风挡板自动脱落。

处理方法：

(1) 减少或停止给煤，增大通风量，提高磨煤机出口风压；

(2) 清除燃烧器出口处结焦；

(3) 缓慢敲击煤粉管堵塞处，根据情况及时调整给煤量，防止大量煤粉进入燃烧室；

(4) 上述处理无效，应停止磨煤机，进行处理。

22. 磨煤机油系统故障有什么现象？故障原因是什么？如何处理？

故障现象：

(1) 轴承温度升高；

(2) 轴承箱温度升高。

故障原因：

(1) 油箱油位过低或过高；

(2) 油质不良；

(3) 油冷却水中断或堵塞；

(4) 强制油泵故障。

处理方法：

(1) 加强加油或换油；

(2) 处理堵塞，开大冷却水量；

(3) 查明强制油泵故障原因，及时清除，尽快恢复备用或投入运行；

(4) 温度升高超过规定值，应立即停止该磨煤机运行。

23. 稀释风机故障处理？

(1) 确认喷氨系统联锁保护动作正常，中断喷氨系统，停止液氨蒸发系统；

(2) 查明稀释风机跳闸原因，处理后恢复脱硝系统运行；

(3) 若短时间内不能恢复运行，按短时停机的有关规定处理。

24. 回转空气预热器故障有什么现象？故障原因是什么？如何处理？

故障现象：

(1) 发出故障信号，跳闸红灯灭，绿灯闪光；

(2) 电流到零，空气预热器电动机故障停运后，空气马达（或备用电动机）自动投入；

(3) 空气预热器故障跳闸出口排烟温度升高，空气预热器出口风温下降；

(4) 空气预热器跳闸侧、空气预热器空气出口挡板和烟气入口挡板自动关闭。

故障原因：

(1) 空气预热器转子与静子接触面有杂物卡塞（轴向、环向、径向密封片损坏），空气预热器转不动；

(2) 空气预热器电气回路、电源中断或热偶动作；

(3) 空气预热器润滑油系统油泵跳闸（油位极低、冷却水中断、油温过高、轴承损坏）；

(4) 主轴承损坏。

处理方法：

(1) 若跳闸前无异常信号，电流正常，可强合一次；

(2) 若单台回转式空气预热器强合不成功时，锅炉降负荷，降低烟气温度并进行空气预热器手动盘车；

(3) 联系检修，立即消除相应缺陷，若缺陷不能消除并对回转式空气预热器造成危害时，应申请停炉处理；

(4) 两台空气预热器均停转跳闸，应按紧急停炉处理。

25. 回转式空气预热器内部着火有什么现象？故障原因是什么？如何处理？

故障现象：

(1) 着火声光报警；

(2) 排烟温度不正常升高；

(3) 热风温度不正常升高；

(4) 金属管壁温度不正常升高；

(5) 炉膛负压波动大，回转式空气预热器烟、风压波动大；

(6) 从回转式空气预热器观察孔可看到火星。

故障原因：

(1) 传热面上积存的可燃物太多，尤其在煤、油混烧阶段；

(2) 吹灰不正常；

(3) 油枪雾化不良；

(4) 锅炉燃烧不稳定。

处理方法：

（1）确认控制室内回转式空气预热器着火报警指示；

（2）就地检查控制面板，确定报警的真实性；

（3）通过检查孔观察回转式空气预热器内部是否有火星；

（4）确认空气预热器着火后，首先投入回转式空气预热器蒸汽吹灰；

（5）如投入回转式空气预热器蒸汽吹灰不能灭火，再采取停炉用消防水系统灭火措施：

① 停止送风机、引风机、关闭一切烟、风挡板和可能进风的孔洞；

② 保持空气预热器运行；

③ 打开空气预热器底部烟、风道排放阀；

④ 开启消防系统进行灭火，检查烟、风道底部排放阀门是否有污水排放；

⑤ 继续喷水，直到火焰全部熄灭，转子完全冷却；

⑥ 应注意观察另一台空气预热器是否有类似的情况。

热电一公司 300MW 机组

（一）操作技能

1. 投入蒸汽推动操作。

准备工作：

（1）正确穿戴劳动保护用品；

（2）工用具、材料准备：F形扳手1把，手电筒1只。

操作程序：

(1) 确认汽源压力符合要求后，联系汽机开中辅至锅炉推动总阀门；

(2) 开启前后两侧推动联箱疏水一次、二次阀门，缓慢开启推动联箱供汽一次阀门、二次阀门，开始对管路及联箱暖管；

(3) 暖管结束后关闭联箱疏水阀门，缓慢全开供汽一次阀门、二次阀门，逐渐开启蒸汽推动至水冷壁下联箱的炉底推动分阀门，随温度逐渐上升而全开；

(4) 蒸汽推动过程中经常注意推动汽源压力，直至汽包下壁温加热至100℃时，可停止加热，锅炉准备点火。

操作安全提示：

(1) 投入时操作要缓慢，防止管道振动；

(2) 操作时要观察好周围环境，避免磕碰。

2. 停止蒸汽推动操作。

准备工作：

(1) 正确穿戴劳动保护用品；

(2) 工用具、材料准备：F形扳手1把，手电筒1只。

操作程序：

(1) 逐渐关闭推动联箱至水冷壁下联箱各炉底推动分阀门，关闭前后两侧蒸汽推动供汽一次阀门、二次阀门；

(2) 联系汽机开中辅至锅炉推动总阀门；

(3) 开启推动联箱疏水一次阀门、二次阀门，疏水后关闭。

操作安全提示：

(1) 投入时操作要缓慢，防止管道振动，防止阀门冲刷；

(2) 操作时要观察好周围环境，避免磕碰。

3. 水位计的投入（热态）。

准备工作：

（1）正确穿戴劳动保护用品；

（2）工用具、材料准备：F形扳手1把，手电筒1只。

操作程序：

（1）确认水位计检修工作确已结束，设备完整，照明充足，具备投入条件；

（2）微开放水阀门；

（3）缓慢开启汽水侧一次阀门；

（4）缓慢微开汽二次阀门进行水位计通汽预热（冬季1h，夏季0.5h），当预热结束，微开水阀，关放水阀，缓慢交替开大汽水侧二次门直至全开；

（5）投入过程中操作不得过快，防安全球动作，如发生，可关二次阀门，重新慢慢开启；

（6）检查水位计投入后应有轻微波动，水位清晰可见。

操作安全提示：

（1）投入时操作要缓慢，阀门开的过快引起防止管道振动；

（2）操作时要观察好周围环境，做好防烫伤准备。

4. 水位计的解列。

准备工作：

（1）正确穿戴劳动保护用品；

（2）工用具、材料准备：F形扳手1把，手电筒1只。

操作程序：

（1）关闭水位计汽水侧二次阀门；

（2）开启放水阀门，关汽水侧一次阀门；

（3）水位计及管道内水、汽等排净后关放水阀门。

操作安全提示：

（1）投入时操作要缓慢，减少对阀门冲刷，防止管道振动；

（2）操作时要观察好周围环境，做好防烫伤准备。

5. 水位计的冲洗方法。

准备工作：

（1）正确穿戴劳动保护用品；

（2）工用具、材料准备：F形扳手1把，手电筒1只。

操作程序：

（1）缓慢微开放水阀门、冲洗汽、水管路及水位计；

（2）关闭水侧二次阀门，冲洗汽侧及水位计；

（3）开启水侧二次阀门，关闭汽侧二次阀门，冲洗水侧；

（4）开汽侧二次阀门，关闭放水阀门，观察水位是否清晰，水位应有轻微波动，否则应重新冲洗。

操作安全提示：

（1）投入时操作要缓慢，防止管道振动；

（2）操作时要观察好周围环境，做好防烫伤准备。

6. 引风机的启动操作。

准备工作：

（1）正确穿戴劳动保护用品；

（2）工用具、材料准备：手电筒1只，对讲机1对。

操作程序：

（1）检查同侧空预器运行入口烟气电动挡板打开；

（2）检查同侧除尘器入口烟气电动挡板打开；

（3）启动引风机任意一台冷却风机运行；

（4）检查无引风机运行或另一侧送风机、引风机均运行；

(5) 检查引风机无故障，且控制在远方；

(6) 检查引风机电动机轴承温度＜90℃，电动机线圈温度＜110℃；

(7) 检查引风机风机轴承温度＜90℃；

(8) 开引风机出口电动挡板；

(9) 将引风机动叶开度全关；

(10) 关引风机入口电动挡板；

(11) 检查引风机启动允许来；

(12) 启动引风机，检查引风机入口电动挡板联开；

(13) 视情况调整引风机动叶开度。

操作安全提示：

(1) 就地检查时上下台阶注意安全；

(2) 检查时避免衣物等被风机转动部分搅住。

7. 送风机的启动操作。

准备工作：

(1) 正确穿戴劳动保护用品；

(2) 工用具、材料准备：手电筒1只，对讲机1对。

操作程序：

(1) 得值长令启动送风机；

(2) 检查任一空预器运行且进、出口二次风档板均打开；

(3) 检查送风机油站油温＞25℃且油位＞1/2；

(4) 检查任一引风机运行；

(5) 检查送风机无故障，且控制在远方；

(6) 启动送风机油站油泵，检查油泵运行正常出口油压3.0MPa，润滑油压0.5MPa；

（7）检查送风机电动机轴承温度＜85℃，电动机线圈温度＜105℃；

（8）检查送风机风机轴承温度＜80℃；

（9）关送风机出口挡板；

（10）送风机动叶全关；

（11）检查送风机启动允许来；

（12）启动送风机，检查出口挡板联开；

（13）视情况调整送风机动叶开度。

操作安全提示：

（1）就地检查时上下台阶注意安全；

（2）检查时避免衣物等被风机转动部分搅住。

8. 一次风机的启动操作。

准备工作：

（1）正确穿戴劳动保护用品；

（2）工用具、材料准备：手电筒1只，对讲机1对。

操作程序：

（1）得值长令启动一次风机；

（2）检查任一空预器运行且出口一次风挡板打开；

（3）检查一次风机油站油温＞25℃且油位＞200mm；

（4）检查一次风机无故障，且控制在远方；

（5）启动一次风机油站油泵，检查油泵运行正常出口油压高于0.18MPa；

（6）检查一次风机电动机轴承温度＜80℃，电动机线圈温度＜110℃；

（7）检查一次风机风机轴承温度＜70℃；

（8）关一次风机出口电动挡板及入口调节挡板；

（9）检查一次风机启动允许来；

(10) 按顺序合 QF1、QF0、QF3 开关再启一次风机（变频启动）；

(11) 按顺序合 QF2、QF0 开关，一次风机直接启动（工频启动）；

(12) 检查出、入口挡板联开；

(13) 视情况调整一次风机变频转数（变频启动时）；

(14) 视情况调整一次风机入口调节挡板开度（工频启动时）。

操作安全提示：

(1) 就地检查时上下台阶注意安全；

(2) 检查时避免衣物等被风机转动部分搅住。

9. 制粉系统的启动操作（空载）。

准备工作：

(1) 正确穿戴劳动保护用品；

(2) 工用具、材料准备：手电筒 1 只，对讲机 1 对。

操作程序：

(1) 得值长令启动制粉系统；

(2) 检查磨煤机液压油泵、润滑油泵运行正常，润滑油压 $\geqslant 0.25$ MPa；

(3) 检查磨煤机、给煤机已送电；

(4) 调整反作用力油压 3.0MPa 以上，作用力油压在 0MPa，将磨辊提升到位；

(5) 开启磨煤机出口 1 号、2 号、3 号、4 号气动插板门；

(6) 开启给煤机入、出口电动插板门；

(7) 开启磨煤机入口热一次风电动调节阀门和冷一次风电动调节阀门，控制出口温度在 60～65℃，入口风量在

85～90t/h；

（8）当磨煤机出口温度在60℃以上时，启动磨煤机；

（9）电流返回正常后，启动给煤机，给煤量加至14t/h；

（10）布煤1min左右，调整反作用力油压2.0MPa以上，作用力油压在4.0MPa以上，将磨辊下降到位，投入作用力与反作用力比例溢流阀自动；

（11）检查给煤机下煤正常，跟据负荷需要调整给煤量。

操作安全提示：

（1）严格控制磨煤机出口温度；

（2）检查时避免衣物等被转机转动部分搅住。

10. 制粉系统的停运。

准备工作：

（1）正确穿戴劳动保护用品；

（2）工用具、材料准备：手电筒1只，对讲机1对。

操作程序：

（1）得值长令停止制粉系统；

（2）检查磨煤机及其液压、润滑油站运行正常；

（3）检查磨煤机运行正常，给煤机运行正常；

（4）检查机组负荷稳定，机侧无其他操作任务；

（5）减少给煤机给煤量至14t/h，适当增加其他给煤机的给煤量；

（6）关闭给煤机入口电动插板门，注意监视给煤量、给煤机电流及给煤机转数；

（7）当给煤机给煤量变为零时，停止给煤机运行；

（8）检查给煤机出口电动插板门联关正常；

（9）检查作用力反作用力自动跳开且加载油压为零，

磨煤机所有磨辊提升到位；

（10）调整磨煤机冷、热一次风电动调节阀门，控制磨煤机出口温度＜60℃、风量＞83t/h；

（11）将磨煤机内的存粉抽净后，停止磨煤机运行；

（12）控制磨煤机出口温度＜60℃，使之处于备用状态。

操作安全提示：

（1）停磨前排出石子煤时应注意躲避，以免烫伤；

（2）严格控制磨煤机出口温度。

11. 空气预热器的启动。

准备工作：

（1）正确穿戴劳动保护用品；

（2）工用具、材料准备：手电筒1只，对讲机1对。

操作程序：

（1）启动空预器主电动机（主变频启动），检查空气预热器转动方向正确，电流正常；

（2）检查空气预热器出口一次风电动挡板、出口二次风电动挡板，进、出口烟气电动挡板联锁开启；

（3）频率达标后切主工频运行状态。

（4）将空气预热器辅电机投联锁备用；

（5）全面检查空气预热器转子和外壳无刮卡、碰擦。

操作安全提示：

（1）启动空气预热器前检查注意避免被漏出热风烫伤；

（2）就地检查时上下台阶注意安全。

12. 空气预热器停止操作。

准备工作：

（1）正确穿戴劳动保护用品；

(2) 工用具、材料准备：手电筒 1 只，对讲机 1 对。

操作程序：

(1) 停炉前必须进行空气预热器吹灰，停炉后空气预热器要继续运行直到入口烟温＜150℃时，方可停止空气预热器运行；

(2) 将空气预热器主、辅电动机联锁解除；

(3) 停止空气预热器主工频运行，空气预热器零转速信号报警。

(4) 检查联锁关闭空气预热器进、出口烟气电动挡板；

(5) 检查联锁关闭空气预热器出口二次风电动挡板和空气预热器出口一次风电动挡板。

操作安全提示：

(1) 停止空气预热器前检查注意避免被漏出热风烫伤；

(2) 就地检查时上下台阶注意安全。

13. 火检冷却风机的启动操作。

准备工作：

(1) 正确穿戴劳动保护用品；

(2) 工用具、材料准备：手电筒 1 只，对讲机 1 对。

操作程序：

(1) 得值长令启动火检冷却风机；

(2) 全面检查火检冷却风机具备启动条件；

(3) 检查火检冷却风机出口隔离阀门应开启；

(4) 启动火检冷却风机，检查转向正确、振动正常；

(5) 检查火检冷却风机出口切换挡板动作正确；

(6) 检查火检冷却风机运行正常且出口风压 ≥ 5.5kPa；

(7) 将未运行火检冷却风机的出口隔离阀门开启；

(8) 将未运行火检冷却风机的联锁开关投入。

操作安全提示：

（1）检查时避免衣物等被风机转动部分搅住；

（2）就地检查时禁止将手伸入风机护罩内检查。

14. 火检冷却风机的停运。

准备工作：

（1）正确穿戴劳动保护用品；

（2）工用具、材料准备：手电筒 1 只，对讲机 1 对。

操作程序：

（1）得值长令停止火检冷却风机运行；

（2）检查 MFT 已发生 600s；

（3）检查炉膛烟气温度降至 80℃以下；

（4）拉开备用火检冷却风机联锁开关；

（5）停止火检冷却风机运行；

（6）火检冷却风机出口隔离阀门关闭。

操作安全提示：

（1）检查时避免衣物等被风机转动部分搅住；

（2）就地检查时禁止将手伸入风机护罩内检查。

（二）常见故障判断与处理

1. 空气预热器转子停转。

故障现象：

（1）空气预热器转子停转，排烟温度迅速上升；

（2）空气预热器主电机电流指示为零或很小（空载电流）；

（3）空气预热器出口风温不正常下降。

故障原因：

（1）空气预热器传动装置故障；

(2)电源故障(电动机故障、热电偶保护动作或电源失去)。

处理方法：

(1)当转子停转后，注意排烟温度的变化，防止发生二次再燃，控制空气预热器入口烟气温度不超过482℃；

(2)单侧空气预热器运行，应快速减负荷至150MW左右；

(3)若短时间无法恢复，关闭空气预热器进、出口烟气侧挡板及进、出口一、二次风挡板，联系检修迅速处理；

(4)如转子停转后因热膨胀造成密封片卡涩时，启动电动机时，应转5s停15s重复这一过程4~5次，使其膨胀均匀；

(5)如上述措施无效，则应手动盘动转子两圈，能自由转动时，投入电动机驱动转子；

(6)投入吹灰器运行一次；

(7)如因减速器润滑装置或轴承发生故障引起空气预热器停转时，应停止空气预热器运行，并关闭其进、出口风烟挡板，报告值长，通知检修人员处理；

(8)若两台空气预热器均停转跳闸，应按紧急停炉处理。

2.给煤机跳闸。

故障现象：

(1)给煤机跳闸报警(CRT给煤机状态由红变绿)，给煤机出入口插板关闭，磨煤机出口温度升高；

(2)该层燃烧器火焰消失；

(3)总燃料量下降。

故障原因：
(1) 出现对应的磨煤机跳闸条件；
(2) 出现给煤机保护跳闸条件；
(3) 给煤机微机控制系统故障。

处理方法：
(1) 立即提升磨辊并关闭磨煤机热一次风电动调节阀门，开大冷一次风电动调节阀门维持磨煤机出口温度；
(2) 注意保持磨煤机通风量在 68t/h 以上；
(3) 磨煤机风量及出口温度自动切为手动；
(4) 为保持机组负荷稳定，增加其他磨煤机出力，若只剩两台或两台以下的磨运行，应立即投油稳燃；
(5) 及时调整炉膛负压、汽温、汽包水位稳定；
(6) 立即检查原因，若短时间不能恢复则停止对应的磨煤机，并根据负荷要求，启动备用制粉系统。

3. 给煤机断煤。

故障现象：
(1) 给煤机断煤报警，给煤率回零或时有时无；
(2) 磨煤机电流下降，出口温度升高，磨煤机断煤后，30s 磨煤机跳闸；
(3) 总燃料量减小，锅炉汽温、汽压下降，水位波动大；
(4) 该层燃烧器火焰缺角或消失。

故障原因：
(1) 原煤斗无煤；
(2) 落煤管堵塞；
(3) 原煤水分过大或停磨时间过长造成棚煤；
(4) 给煤机入口电动插板阀门误关；

(5) 皮带打滑和联轴器断。

处理方法：

(1) 敲打原煤斗或给煤机落煤管，利用导流疏通机松煤，及时调整各参数稳定；

(2) 确有杂物堵塞应停止给煤机联系检修处理；

(3) 若原煤斗无煤，联系输煤上煤；

(4) 若检修时间长，可根据负荷要求增加其他运行磨煤机出力或启备用制粉系统；

在原因不清的情况下，原则上不允许投运。

4. 单台引风机跳闸。

故障现象：

(1) 跳闸引风机电流指示到零；

(2) 同侧的送风机跳闸；

(3) 总风量及风压下降；

(4) 光字牌报警。

故障原因：

(1) 引风机跳闸保护动作；

(2) 厂用电故障；

(3) 事故按钮动作；

(4) 运行人员误操作。

处理方法：

(1) 一台引风机故障跳闸，同侧送风机联跳，将另一台引风机自动解除，手动调整未跳闸风机防止过流；

(2) 根据总风量调整未跳闸送风机出力，适当减小两台一次风机出力；

(3) 检查制粉系统运行情况，调整燃料量保证炉膛燃烧稳定，可适当投油稳燃；

（4）加强汽包水位、主、再汽温的监视及调整；

（5）开送风机出口联络挡板；

（6）将跳闸风机复位，在跳闸原因不明情况下，严禁再次启动；

（7）检查跳闸风机的进口动叶关至零，进口挡板关闭；

（8）注意避开喘振区并及时调整炉膛负压。

5. 单台送风机跳闸。

故障现象：

（1）跳闸送风机电流指示至零，同侧的引风机跳闸；

（2）总风量及风压下降；

（3）光字牌报警；

（4）两台送风机跳闸 MFT 动作。

故障原因：

（1）送风机跳闸保护动作；

（2）厂用电故障；

（3）控制开关或事故按钮动作；

（4）运行人员误操作。

处理方法：

（1）一台送风机故障跳闸，同侧引风机联跳，将未跳闸引风机自动解除，手动调整防止未跳闸风机过流；

（2）根据总风量调整未跳闸送风机出力，适当减小两台一次风机出力；

（3）检查制粉系统运行情况，调整燃料量保证炉膛燃烧稳定，可适当投油稳燃；

（4）注意避开危险工况区并及时调整炉膛负压；

（5）加强汽包水位、主、再汽温的监视及调整；

（6）开送风机出口联络挡板；

(7) 将跳闸风机复位，在跳闸原因不明情况下，严禁再次启动；

(8) 检查跳闸风机的助动关至零，出口挡板关闭。

6. 单台一次风机跳闸。

故障现象：

(1) 跳闸一次风机电流指示到零；

(2) 一次风压急剧下降，低报警，一次风量迅速下降；

(3) 一次风机跳闸光字牌亮，并报警；

(4) 炉膛负压波动大，汽温、汽压急剧下降；

(5) 两台一次风机跳闸无油枪时，锅炉发生 MFT。

故障原因：

(1) 一次风机跳闸保护动作；

(2) 厂用电故障；

(3) 控制开关或事故按钮动作；

(4) 运行人员误操作。

处理方法：

(1) 单台一次风机跳闸，自上而下保留三套制粉系统；

(2) 根据实际制粉系统运行情况，单层至少投入三支油枪稳燃；

(3) 增加运行一次风机的出力，减少跳闸磨煤机的一次风量；

(4) 控制汽包水位（必要时可打掉一台汽泵）；

(5) 加强主、再汽温的监视及调整；

(6) 结合实际的负荷控制方式调整机组负荷；

(7) 根据负荷及总风量降低送风机出力；

(8) 将跳闸风机复位，在跳闸原因不明情况下，严禁再次启动；

（9）检查跳闸风机的进口动叶关至零，出口挡板关闭；

（10）注意避开危险工况区并及时调整炉膛负压；

（11）两台一次风机跳闸，且无油枪投用时，则锅炉"MFT"动作，按锅炉 MFT 处理；

（12）两台一次风机跳闸，有油枪投用时，则联停所有磨煤机、给煤机、密封风机，关闭减温水阀、挡板（有磨煤机运行时，联关燃油进油、回油快关阀）。

7. 磨煤机跳闸。

故障现象：

（1）CRT 报警；

（2）磨煤机电流回零；

（3）该煤层火焰消失；

（4）对应给煤机跳闸；

（5）锅炉汽温、汽压下降。

故障原因：

（1）操作员在操作盘上手动跳闸；

（2）有快速停磨和紧急停磨条件发生；

（3）磨煤机机械故障；

（4）误动事故按钮。

处理方法：

（1）根据燃烧情况必要时投入油枪助燃；

（2）磨煤机跳闸后，给煤机没有联跳，应立即停止对应给煤机；

（3）联锁关闭热一次风气动插板阀门，热一次风电动调节阀门，全开冷一次风电动调节阀门，否则应立即手动操作；

（4）检查磨煤机出口气动插板阀门关闭；

(5) 若消防蒸汽电动阀门开时，及时关闭；

(6) 根据锅炉负荷要求，增加其他制粉系统出力或启动备用制粉系统；

① 及时调整炉膛负压、汽温、汽压及水位稳定；

② 调整磨出口温度不超温；

③ 查明原因联系检修人员及时处理；

④ 处理完之后投该层磨煤机时，要用冷风吹扫干净；

⑤ 锅炉灭火或 MFT 动作按其对应的处理规范进行操作。

8. 磨煤机堵煤。

故障现象：

(1) 磨煤机电流增大；

(2) 磨煤机入口风压增大，出口风压降低；

(3) 磨煤机出口温度降低；

(4) 磨煤机通风量降低；

(5) 石子煤异常增多；

(6) 锅炉汽温、汽压下降；

(7) 燃烧投自动时其他制粉系统出力增加。

故障原因：

(1) 调整不当或自动失灵，通风量过小；

(2) 给煤量太多；

(3) 未及时排放石子煤；

(4) 磨煤机内部故障；

(5) 液压加载装置故障，磨煤机出力下降；

(6) 风温低，磨内有大的石块；

(7) 一次风进口风环间隙过大；

(8) 一次风压低。

处理方法：

(1) 堵煤不严重时，立即降低给煤机转速，减小给煤量；

(2) 堵煤严重时，立即降低给煤机转速至零，停上给煤机运行；

(3) 关小冷一次风电动调节阀门，开大热一次风电动调节阀门，加强通风；

(4) 但风量不能太大，防止突然吹开造成爆燃；

(5) 严格监视磨煤机通风量、主汽压力、汽包水位、汽温变化，及时进行调节；

(6) 加强石子煤排放；

(7) 根据负荷情况调节其他磨煤机出力；

(8) 如以上处理无效时启备用制粉系统，停止该磨煤机运行，进行人工清理。

9. 磨煤机出口一次风管堵。

故障现象：

(1) 炉膛角火焰或层火焰消失；

(2) 堵管的燃烧器无煤粉；

(3) 一次风管温度降低；

(4) 磨煤机通风量下降，该风管风速降低。

故障原因：

(1) 一次风量过小，风速过低；

(2) 一次风管内有杂物堵塞；

(3) 一次风温低，煤粉干燥不良，造成流动不畅；

(4) 煤粉过粗；

(5) 燃烧器出口结焦；

(6) 燃烧器堵塞；

(7) 磨出口可调缩孔调节不当。

　　处理方法：

　　(1) 停止给煤机运行；

　　(2) 保持适当的通风量，进行缓慢吹管；

　　(3) 若单个风管堵塞，可关闭磨煤机其他出口挡板进行该风管吹扫；

　　(4) 注意吹扫风量调节、汽温、汽压及汽包水位调节；

　　(5) 分离器堵塞时联系检修处理。

　　10. 磨煤机着火。

　　故障现象：

　　(1) 磨煤机出口温度异常升高；

　　(2) 磨煤机内有制粉爆燃声音，制粉系统风压剧烈波动，不严密处有煤粉、火星喷出。

　　故障原因：

　　(1) 易燃物进入磨煤机内；

　　(2) 磨煤机出口温度高，温度调节不及时；

　　(3) 石子煤排放不及时着火；

　　(4) 磨碗煤粉堆积过高而自燃；

　　(5) 停磨时磨煤机内未吹扫干净；

　　(6) 磨内积粉过多时突然大量通风造成磨内煤粉浓度达爆燃浓度。

　　处理方法：

　　(1) 发现磨煤机出口温度异常高时，应关闭热一次风电动调节阀门并全开冷一次风电动调节阀门；

　　(2) 切除给煤机自动，增加给煤量，但应注意磨煤机电流防止磨煤机满煤；

　　(3) 加强进行磨煤机石子排渣量；

(4) 如经以上处理无效，应停止磨煤机和给煤机通风，立即投入消防蒸汽（灭火后关闭消防蒸汽电动阀门）；

(5) 根据负荷要求增加其他制粉系统出力或启动备用制粉系统，磨煤机尽可能继续维持运行；

(6) 灭火后隔离磨煤机，通知检修进行磨煤机内部检查。

11. 密封风机跳闸。

故障现象：

(1) 密封风机跳闸 CRT 报警；

(2) 磨煤机跳闸；

(3) 给煤机跳闸；

(4) 锅炉汽温、汽压下降；

(5) 备用密封风机联启。

故障原因：

(1) 操作员在操作盘上手动跳闸；

(2) 有密封风机跳闸条件发生；

(3) 密封风机机械故障；

(4) 误动事故按钮。

处理方法：

(1) 查看备用密封风机是否联启，未联启则手动启动；

(2) 投油，保证单层三支油枪投入；

(3) 加强汽包水位、主、再汽温的监视及调整；

(4) 调整磨煤机一次风量，维持运行磨煤机的密封风与一次风压差；

(5) 注意防止一次风机抢风；

(6) 若 MFT 动作，按 MFT 处理。

12. 磨煤机润滑油压低。

故障现象：

（1）油压指示低；

（2）油压≤0.08MPa 时报警；

（3）油压达极限值时，联跳磨煤机。

故障原因：

（1）油箱油位低；

（2）油系统泄漏；

（3）滤油器堵塞；

（4）油泵机械故障；

（5）油泵电动机或电气系统故障；

（6）油泵与电动机脱开；

（7）油温过高。

处理方法：

（1）查明原因，针对不同原因进行相应处理；

（2）当磨煤机跳闸时，按磨煤机跳闸处理；

（3）需要停磨煤机处理时，应及时进行磨煤机切换，并联系检修处理；

（4）注意控制炉膛负压、汽温、汽压及汽包水位；

（5）当负荷较低时，应及时投油防止锅炉灭火。

13. SCR 系统装置退出或排放超标。

故障原因：

（1）启、停制粉；

（2）启、停风机；

（3）风机工频变频切；

（4）脱硝系统测点反吹、喷氨自动跟踪不上；

（5）机组启动过程中，烟温尚未升至 SCR 投入温度

SCR装置无法投入运行；

(6) 氨管线阀门故障，造成喷氨异常；

(7) 脱硝分析仪故障；

(8) 来氨压力低、压缩空气压力低等影响喷氨阀关闭。

处理方法：

(1) 启、停磨时的控制：启磨前因磨通风将增加锅炉氧量，可先适当降低氧量，再启磨、给煤机；停磨时相反。切换制粉时要控制好入炉风量。且切换前先将出口NO_x自动定值降低到$50mg/m^3$后在进行切换制粉操作，必要时可将脱硝自动解除，手动进行调节。

(2) 风机启停操作时，风量加减要缓慢，要保证燃料量同步增加，防止SCR入口NO_x值大幅上升，必要时可解列喷氨自动，手动进行调节。

(3) 进行风机工频—变频切换时的保障措施：

为保证风机不长时间停转，缩短单风机运行时间，保护空气预热器以及满足SCR投入温度条件。在进行切换之前，应要求电气人员携带对讲机先到，就地分别等待，待风机由炉A操停止并经对讲机通知后，立即进行变频工频切换，缩短切换所需时间。之后立即通知切换压板，而切换完毕后电气操作人员第一时间通知炉A操风机可以工频（变频）启动，随即炉A操启动风机。

(4) 脱硝系统测点反吹后出现NO_x值升高时，解列自动，手动增加喷氨量。

(5) 机组启动过程中，尽快投入汽机高加，以提高烟温；造成SCR入口烟温达到SCR装置退出或排放超标。

(6) 运行中发现氨调整阀卡死的现象，如来氨量过低，应到就地开启调整阀门旁路阀门，通过对讲机核对调整开度，保证 1 号、2 号炉出口 NO_x 值在 100mg/m³ 以下，3 号炉出口 NO_x 值在 50mg/m³ 以下，同时联系热工对氨调整阀检查处理。

（7）每小时对照 SCR 出入口曲线，按时对 CEMS 小间进行巡检，发现异常及时联系热工人员并汇报值长。

（8）发现来氨压力低于 0.2MPa，应汇报值长，联系氨区，提高来氨压力；发现压缩空气压力低于 0.5MPa，应汇报值长，联系空压站提高压缩空气压力。

 热电二公司

（一）操作技能

1. 填写值班记录。

准备工作：

（1）正确穿戴劳动保护用品；

（2）工用具、材料准备：值班记录簿、钢笔或碳素笔。

操作程序：

（1）填写基本内容。

① 交接班完毕后接班人员在值班记录内签字；

② 填写当值日期：××××年××月××日，星期×；

③ 填写当值天气情况：晴、阴、多云、雨、风、雪等；

④ 填写设备运行方式，设备动态。

（2）填写主要内容。

① 及时填写设备巡视情况，包括特殊情况增加巡视。

每天 21 点进行一次熄灯检查；

②填写设备操作情况和受理工作票情况等；

③填写运行中的异常现象、设备缺陷及事故的汇报和处理过程；

④填写调度和上级有关运行的指令或通知；

⑤填写工具、仪表、护具使用情况和卫生、通信、照明情况；

⑥填写交接班小结及运行有关的其他事宜。

操作安全提示：

（1）按时间的先后顺序填写，应使用 24h 制时间格式；

（2）填写字迹工整、字体仿宋，不能涂改；

（3）填写内容正确无误；

（4）填写使用标准术语。

2. 填写设备缺陷记录簿。

准备工作：

（1）正确穿戴劳动保护用品；

（2）工用具、材料准备：设备缺陷记录簿、钢笔或碳素笔。

操作程序：

（1）填写基本内容。

①在时间栏内填写缺陷发生的日期；

②在发现人栏内填写发现人姓名。

（2）填写主要内容。

①填写缺陷发生时间；

②填写缺陷的具体部位；

③"领导意见"一栏由相关人员填写缺陷种类（紧急、重大、一般缺陷）并签名；

④ 缺陷处理完毕后，由消除人在消除日期栏内填写消除日期；

⑤ 消除人在消除人栏、验收人在验收人栏分别签名。

操作安全提示：

（1）连续性填写，不设专页；

（2）未处理彻底而遗留的缺陷要重新填写；

（3）检修、运行人员双方签字；

（4）按时间的先后顺序填写；

（5）填写字迹工整、字体仿宋；

（6）填写内容正确无误，使用标准术语；

（7）与相关的记录相互衔接。

3. 办理工作票许可手续。

准备工作：

（1）正确穿戴劳动保护用品；

（2）工用具、材料准备：工作票、钢笔或碳素笔、复写纸。

操作程序：

（1）收到工作票时，值班负责人审查工作票内容。

① 工作票票号正确无误；

② 工作负责人栏、班组栏、工作班人员栏所列人员与现场工作人员一致；

③ 工作地点和工作任务符合现场实际；

④ 计划工作时间填写正确；

⑤ "工作条件"栏所填写内容正确无误，与现场实际相符，并符合工作要求；

⑥ "注意事项及安全措施"栏所填写内容正确无误，与现场实际相符。若工作票签发人所填写内容不够完善，工

作许可人可加以补充。

(2) 工作许可人必须确定工作现场设备状态符合工作条件。如果该设备不符合工作条件，必须先采取措施，符合工作要求后才允许办理工作许可手续。

(3) 工作许可人会同工作负责人到工作现场，确认设备状态符合工作条件，向工作负责人交待注意事项。

(4) 工作负责人、工作许可人双方确认无误后分别签字。

(5) 汇报调度，工作许可人填写许可开工时间后，工作班方可开始工作。

操作安全提示：

(1) 根据工作任务审核工作票时，发现错误或安全措施与现场实际条件不符时应向工作票签发人询问清楚；

(2) 字迹清楚、字体仿宋；

(3) 涂改不允许超过三处。

4. 投入炉前燃油系统。

准备工作：

(1) 正确穿戴劳动保护用品；

(2) 工用具、材料准备：手电筒、F形扳手1把。

操作程序：

(1) 投入前的工作。

① 通知油区值班员加强监视油压、注意调整；

② 通知临炉司炉，注意油压变化。

(2) 充油操作。

① 开启燃油操作平台电动调整阀门；

② 开启燃油平台燃油电磁阀；

③ 缓慢稍开燃油操作平台供油手动一次阀门；

④ 缓慢全开燃油操作平台供油手动二次阀门；

⑤ 检查油压正常，缓慢全开燃油平台的手动回油二次阀门。

（3）投入炉前燃油系统。

① 燃油系统充油完毕后，缓慢全开燃油操作平台供油手动一次阀门，随时检查油压正常；

② 开启燃油就地操作平台燃油伴热总阀门及投入疏水器；

③ 开启各油枪盲管伴热手截阀门；

④ 开启燃油就地操作平台蒸汽吹扫总阀门及投入疏水器；

⑤ 通知油区值班员、临炉司炉，投入炉前燃油系统完毕。

（4）填写相关记录。

操作安全提示：

（1）手动开启截阀门要缓慢，开的过快引起管道冲击；

（2）工、护具使用前必须检查完好性，以防因护具不合格而造成人身或设备事故。

5. 投入炉前燃油系统蒸汽吹扫。

准备工作：

（1）正确穿戴劳动保护用品；

（2）工用具、材料准备：手电筒、F形扳手1把。

操作程序：

（1）投入炉前燃油平台吹扫。

① 联系油区值班员本炉进行炉前燃油系统蒸汽吹扫；

② 通知临炉，做好相应措施；

③ 关闭本炉供油总阀门；

④ 关闭各油枪截阀门；

⑤ 开启炉前燃油系统蒸汽吹扫总阀门；
⑥ 开启蒸汽吹扫总门后一次阀门；
⑦ 开启炉前蒸汽吹扫排污疏水阀门进行暖管，完毕后关闭疏水阀门；
⑧ 开启蒸汽吹扫总门后二次阀门；
⑨ 开启本炉供油二次阀门；
⑩ 抬起燃油平台燃油速断阀；
⑪ 开启燃油平台电动调整阀门；
⑫ 开启燃油平台回油二次阀门；
⑬ 开启燃油平台回油一次阀门；
⑭ 对炉前油系统进行吹扫，接到油区回油罐冒汽后停止吹扫，关闭回油一、二次阀门。

（2）将各油枪推入，开启各油枪速断阀、手截阀门，依次对其他油枪吹扫。

（3）填写相关记录。

操作安全提示：

（1）手动开启截阀门要缓慢，避免引起管道冲击，造成管道振动；

（2）工、护具使用前必须检查完好性，以防因护具不合格而造成人身或设备事故。

6. 切换制粉系统。

准备工作：

（1）正确穿戴劳动保护用品；

（2）工用具、材料准备：手电筒、对讲机。

操作程序：

（1）启动备用制粉系统；

① 解列协调及给煤自动装置；

②开启备用制粉系统一次风挡板；
③开启备用制粉系统二次风总阀门；
④开启备用制粉系统二次风各分阀门按所需配风；
⑤通知电气启动备用磨煤机；
⑥磨正常后，启动对应的给煤机；
⑦投入制粉系统联锁开关；
⑧根据需要相应增加启动制粉系统煤量，减少需停制粉系统煤量。

(2) 停止需停制粉系统。
①解列需停制粉系统联锁；
②待需停给煤量减至最低，停止该给煤机；
③将煤粉抽净后，停止磨煤机；
④相应调整总二次风阀门，至少保持各二次风分阀门20%开度，调整炉膛负压；
⑤磨煤机停止惰走后，关闭一次风挡板。

(3) 填写相关记录。

操作安全提示：
(1) 注意保持与带电设备足够的安全距离；
(2) 工、护具使用前必须检查完好性，以防因护具不合格而造成人身或设备事故。

7. 投入油枪。

准备工作：
(1) 正确穿戴劳动保护用品；
(2) 工用具、材料准备：手电筒、对讲机、F形扳手1把。

操作程序：
(1) 检查油系统。

① 检查管道、阀门无泄漏；

② 检查油压符合规程规定；

③ 检查油已冲至火嘴前。

(2) 检查油枪。

① 检查油枪连接处无泄漏；

② 检查油枪供回油阀门在关闭状态。

(3) 投入油枪。

① 联系司炉准备点火；

② 将油枪推入炉内到位；

③ 开油枪吹扫阀门、速断阀吹扫；

④ 油枪吹扫完，关吹扫阀门和速断阀；

⑤ 开启油速断阀；

⑥ 开供油阀门，用火把对准油嘴点火；

⑦ 油枪着火后，通知司炉配风，调节燃烧。

(4) 填写相关记录。

操作安全提示：

(1) 按照检查项目检查；

(2) 工、护具使用前必须检查完好性，以防因护具不合格而造成人身或设备事故；

(3) 用火把点火时注意炉膛负压，应在看火孔侧面点火；

(4) 发现设备缺陷及时汇报处理。

8. 停止油枪。

准备工作：

(1) 正确穿戴劳动保护用品；

(2) 工用具、材料准备：手电筒、对讲机、F形扳手1把。

操作程序：

（1）检查油压不能过高，在正常值。

（2）油枪吹扫。

① 关闭油枪供油截阀门；

② 关闭油速断阀；

③ 开启蒸汽速断阀；

④ 开启蒸汽吹扫阀门；

⑤ 吹扫时间为 1h。

（3）吹扫后关闭截阀门。

① 关闭蒸汽吹扫门；

② 关闭蒸汽速断阀。

（4）将油枪从炉膛内退出。

（5）停止油枪后的检查。

① 检查油阀门与汽阀门有无泄漏现象；

② 检查油压在正常值。

（6）填写相关记录。

操作安全提示：

（1）按照检查项目检查；

（2）工、护具使用前必须检查完好性，以防因护具不合格而造成人身或设备事故；

（3）发现设备缺陷及时汇报处理。

9. 投入水位计。

准备工作：

（1）正确穿戴劳动保护用品；

（2）工用具、材料准备：手电筒、对讲机、F形扳手 1 把。

操作程序：

(1) 投水位计前检查；

① 检查水位计齐全，严密不漏；

② 检查水位计电源，玻璃透明清晰、红绿分明；

③ 检查水位计汽水阀门、放水阀门开关好用；

④ 检查水位计防护罩牢固，照明充足。

(2) 投入水位计。

① 全开汽侧一次阀门，开放水阀门；

② 缓慢开半圈汽侧二次阀门，充分暖水位计；

③ 暖水位计后，关放水阀门；

④ 全开水侧一次阀门，再开二次阀门；

⑤ 全开汽侧二次阀门。

(3) 投入后检查。

① 投入后对水位计进行全面检查；

② 与其他就地水位计对照水位。

(4) 填写相关记录。

操作安全提示：

(1) 按照检查项目检查；

(2) 工、护具使用前必须检查完好性，以防因护具不合格而造成人身或设备事故；

(3) 手动开启截阀门要缓慢；

(4) 发现设备缺陷及时汇报处理。

10. 解列汽包水位计。

准备工作：

(1) 正确穿戴劳动保护用品；

(2) 工用具、材料准备：手电筒、对讲机、F形扳手1把、耳包。

操作程序：

（1）解列前检查。

① 检查水位计运行情况；

② 对水位计缺陷进行记录；

③ 解列时做好安全措施；

④ 进行检查时脸不要正对水位计。

（2）解列水位计。

① 关汽侧一、二次阀门；

② 关水侧一、二次阀门；

③ 关放水阀门；

④ 确认各门关闭严密；

⑤ 操作完毕，应汇报班长。

（3）填写相关记录。

操作安全提示：

（1）按照检查项目检查；

（2）工、护具使用前必须检查完好性，以防因护具不合格而造成人身或设备事故；

（3）检查时脸不要正对水位计；

（4）发现设备缺陷及时汇报处理。

11. 冲洗减温器。

准备工作：

（1）正确穿戴劳动保护用品；

（2）工用具、材料准备：手电筒、对讲机、F形扳手1把。

操作程序：

（1）冲洗减温器前的检查；

① 启动锅炉，汽压升至 0.5MPa；

② 给水泵尚未启动；
③ 减温器系统处于备用状态；
④ 电动门截阀门、调整阀门处于关闭状态；
⑤ 减温水疏水阀门关闭。

(2) 冲洗减温器。
① 全开减温器各截阀门；
② 先开减温器疏水门一次阀门，后开二次阀门；
③ 各回路同时进行暖管和反冲洗；
④ 检查各回路通汽情况；
⑤ 5min 后关闭减温器疏水阀门：先关二次阀门，后关一次阀门；
⑥ 全关减温水各截阀门。

(3) 填写相关记录。

操作安全提示：
(1) 按照检查项目检查；
(2) 工、护具使用前必须检查完好性，以防因护具不合格而造成人身或设备事故；
(3) 发现设备缺陷及时汇报处理。

12. 锅炉吹灰。

准备工作：
(1) 正确穿戴劳动保护用品；
(2) 工用具、材料准备：手电筒、对讲机、F形扳手1把。

操作程序：
(1) 联系。
① 联系值班员检查吹灰泵系统；
② 联系邻炉，关吹灰水总阀门；

③ 得到同炉指令，方可吹灰。

（2）检查吹灰系统。

① 检查水力吹灰管路系统完好；

② 检查水力吹灰电动阀门、截阀门；

③ 检查水力吹灰压力表、调节阀门；

④ 检查程控装置是否好用。

（3）启动吹灰泵，投水力吹灰器。

① 联系值班员启动吹灰泵；

② 调节水压，保持调节阀门后压力为 1.08～1.27MPa；

③ 开启电动阀门、截阀门；

④ 启动吹灰程序、逐个吹灰；

⑤ 监视吹灰器投入、退出情况。

（4）停吹灰系统。

① 吹灰完毕，关电动阀门、截阀门，停吹灰；

② 联系值班员停止吹灰水泵；

③ 开疏水门，将水放净。

（5）填写相关记录。

操作安全提示：

（1）按照检查项目检查；

（2）工、护具使用前必须检查完好性，以防因护具不合格而造成人身或设备事故；

（3）发现设备缺陷及时汇报处理；

（4）手动开启截门要缓慢，减少对阀门冲刷。

13. 锅炉水压试验。

准备工作：

（1）正确穿戴劳动保护用品；

（2）工用具、材料准备：手电筒、对讲机、F形扳手

1把。

操作程序：

(1) 通知。

① 通知检修工将堵板换为死堵；

② 通知检修人员停止一切检修工作才可以试验。

(2) 水压试验前的检查。

① 主汽阀门、各排污阀门、各疏水阀门、各取样一次阀门应关闭，关闭安全阀门、脉冲阀门；

② 投入所有压力表，以汽包压力表为准；

③ 主汽阀门后疏水阀门、空气阀门应开启。

(3) 锅炉上满水。

① 锅炉充满水；

② 集汽联箱空气阀门冒水时，关闭上水阀门及空气阀门。

(4) 升压要求。

① 开给水疏水阀门，升压，升压速度不超过 0.3MPa/min；

② 水压试验中操作人员不准离开，防止升压过快或超压。

(5) 检查各承压部件。

① 当水压升至 0.3～0.4MPa 时，检查各承压部件的严密性；

② 如压力无明显下降，继续升压到 4.4MPa 再检查后无异常，继续升压至额定压力。

(6) 检查合格后，降压应缓慢进行。

(7) 当汽包压力降至零时，开对空排汽阀门及有关空气阀门，以便放水。

(8) 填写相关记录。

操作安全提示：

(1) 按照检查项目检查；

(2) 发现设备缺陷及时汇报处理。

14. 冲洗水位计。

准备工作：

(1) 正确穿戴劳动保护用品；

(2) 工用具、材料准备：手电筒、对讲机、F形扳手1把。

操作程序：

(1) 冲洗水位计。

① 开启放水阀门，使汽管、水管、玻璃管得到冲洗；

② 关闭放水阀门，冲洗汽管及玻璃管；

③ 开启水阀门；

④ 关闭汽阀门，冲洗水管；

⑤ 开启汽阀门；

⑥ 关闭放水阀门。

(2) 冲洗后检查。

① 检查汽包内水位计情况；

② 与另一侧水位计相比较；

③ 关闭放水阀门后水位应很快上升，如上升缓慢则表示堵塞；

④ 如堵塞应再冲洗一次。

(3) 填写相关记录。

操作安全提示：

(1) 按照检查项目检查；

(2) 工、护具使用前必须检查完好性，以防因护具不合格而造成人身或设备事故；

（3）检查时脸不要正对水位计；

（4）发现设备缺陷及时汇报处理。

15. 锅炉上水。

准备工作：

（1）正确穿戴劳动保护用品；

（2）工用具、材料准备：手电筒、F形扳手1把。

操作程序：

（1）联系。

①联系汽轮机、化学工处理，准备水源；

②联系锅炉检修工，换上水堵板；

③联系值班员，检查疏水泵。

（操作程序：。

①关定排总阀门及邻炉上水联络阀门，反冲洗水；

②开对空排汽阀门及空气阀门；

③关疏水泵至脱氧器水阀门；

④开省煤器再循环阀门；

⑤联系汽轮机值班员开脱氧器至疏水、放水阀门或化学除盐水阀门；

⑥启动疏水泵正常，开出口阀门；

⑦疏水泵压力正常，开上水总阀门、定排分阀门；

⑧上水至点火水位，停止上水。

（3）停止上水。

①停止疏水泵，关上水总阀门及定排分阀门；

②关闭除盐水或脱氧器放水阀门；

③将泵出口导至脱氧器；

④开定排总阀门。

(4)联系检修工将上水活堵换成死堵。

(5)填写相关记录。

操作安全提示：

(1)按照检查项目检查；

(2)工、护具使用前必须检查完好性，以防因护具不合格而造成人身或设备事故；

(3)发现设备缺陷及时汇报处理。

16. 投入连排罐。

准备工作：

(1)正确穿戴劳动保护用品；

(2)工用具、材料准备：手电筒、F形扳手1把。

操作程序：

(1)投入连排罐前检查。

①连排罐系统处于备用状态；

②压力表指示正确；

③水位计清晰好用；

④自动装置好用；

⑤连排近路阀门开启；

⑥锅炉负荷达70MW。

(2)投入程序。

①全开连排一次阀门；

②根据启压情况开启连排三次阀门；

③通知化学处理人员调整连排三次阀门；

④开连排至定排截阀门，进行暖罐；

⑤暖罐结束后，全开连排至定排截阀门，由调整阀门控制水位；

⑥关连排近路阀门；

⑦ 当压力升至额定值时,通知汽轮机值班员开启连排至高脱截阀门。

(3) 填写相关记录。

操作安全提示:

(1) 按照检查项目检查;

(2) 工、护具使用前必须检查完好性,以防因护具不合格而造成人身或设备事故;

(3) 发现设备缺陷及时汇报处理。

17. 停止送风机。

准备工作:

(1) 正确穿戴劳动保护用品;

(2) 工用具、材料准备:手电筒。

操作程序:

(1) 送风机停止前的准备;

① 检查两台送风机的挡板开关是否灵活,手动、自动均应好使;

② 适当减负荷,以适用单台送风机的空气量。

(2) 控制负压。

① 关小要停送风机的挡板;

② 开大另一台送风机的挡板;

③ 控制负压在额定范围内。

(3) 停送风机。

① 全关已停送风机的挡板;

② 将另一台送风机负荷加至最大;

③ 拉下要停送风机的开关。

(4) 填写相关记录。

操作安全提示：

（1）按照检查项目检查；

（2）发现设备缺陷及时汇报处理。

18. 停止引风机。

准备工作：

（1）正确穿戴劳动保护用品；

（2）工用具、材料准备：手电筒。

操作程序：

（1）调节风量准备停风机。

① 锅炉减负荷，保持参数稳定；

② 相应调节两台引风机的出力，关小待停风机的挡板；

③ 保持燃烧室负压稳定；

④ 相应的停部分制粉系统；

⑤ 投油枪，保持燃烧稳定；

⑥ 减小送风机出力，降低风压；

⑦ 手动控制汽温、水位。

（2）停引风机。

① 已停引风机挡板全关，运行引风机电流不超限；

② 运行引风机稳定工作，负压稳定；

③ 拉下待停引风机开关，停引风机。

（3）停风机后调整。

① 停风机后严禁开挡板，保持负压稳定；

② 运行引风机跳闸，按灭火处理。

（4）填写相关记录。

操作安全提示：

（1）按照检查项目检查；

（2）发现设备缺陷及时汇报处理。

19. 停止蒸汽推动。

准备工作：

（1）正确穿戴劳动保护用品；

（2）工用具、材料准备：手电筒、F形扳手1把。

操作程序：

（1）通知。

① 通知邻炉，准备停止推动；

② 点火前按指令停推动；

（2）关推动总阀门。

（3）关蒸汽吹灰手动一、二次阀门。

（4）关甲、乙推动联箱入口阀门，关甲、乙推动联箱分阀门。

（5）疏水。

① 开推动管路疏水阀门；

② 待水疏净后关闭；

③ 开甲、乙推动联箱疏水阀门；

④ 待水疏净后关闭疏水阀门。

（6）填写相关记录。

操作安全提示：

（1）按照检查项目检查；

（2）发现设备缺陷及时汇报处理。

20. 投入蒸汽推动。

准备工作：

（1）正确穿戴劳动保护用品；

（2）工用具、材料准备：手电筒、F形扳手1把。

操作程序：

（1）投入前检查暖管。

① 锅炉上水至最低可见水位；

② 检查推动系统完好齐全、各阀门关闭。

（2）开启总门前的疏水阀门。

① 开启推动总阀门前的疏水阀门疏水；

② 开对空排汽阀门、空气阀门；

③ 管路水疏净跑汽后关闭。

（3）开推动总阀门。

（4）开蒸汽吹灰手动一、二次阀门。

（5）甲、乙联箱疏水。

① 开甲、乙联箱疏水阀门疏水；

② 稍开甲、乙推动入口阀门，暖管；

③ 水疏净关疏水阀门，全开甲、乙联箱入口阀门。

（6）待推动压力达 0.59MPa 以上，逐个开启推动分阀门，提高推动压力至 0.78MPa，不超过 1MPa。

（7）监视汽包水位，超过 100mm 开放水阀，监视推动压力及汽包壁温不超过 50℃。

（8）填写相关记录。

操作安全提示：

（1）按照检查项目检查；

（2）发现设备缺陷及时汇报处理。

21. 解列安全阀门。

准备工作：

（1）正确穿戴劳动保护用品；

（2）工用具、材料准备：手电筒、F形扳手1把。

操作程序：

(1) 确认所解列安全阀门位置，检查脉冲管路，确认应解列安全阀门脉冲阀门；

(2) 关闭安全阀门，关闭应解列安全阀门脉冲阀门，不允许动疏水阀门，确认回座；

(3) 检查安全阀门各元件情况，检查脉冲安全阀门的附件情况，检查安全阀门压力表定值及其他；

(4) 填写相关记录。

操作安全提示：

(1) 按照检查项目检查；

(2) 发现设备缺陷及时汇报处理。

22. 投入安全阀门。

准备工作：

(1) 正确穿戴劳动保护用品；

(2) 工用具、材料准备：手电筒、F形扳手1把。

操作程序：

(1) 投入前的检查。

① 安全阀门齐全完整，螺栓不松动；

② 排汽管、疏水管完整畅通；

③ 脉冲安全阀门附件完好，安全罩完好；

④ 电气控制回路送电，开关好用；

⑤ 安全阀门压力表齐全，定值准确；

⑥ 安全阀门脉冲管疏水门已开启。

(2) 安全阀门的投入。

① 符合投入要求，开安全阀门、脉冲截阀门；

② 禁止动安全阀门、疏水阀门；

③ 开安全阀门电接点压力表一次阀门；

④ 通知热工将安全阀门电源投入。

（3）填写相关记录。

操作安全提示：

（1）按照检查项目检查；

（2）发现设备缺陷及时汇报处理。

23. 启动引风机。

准备工作：

（1）正确穿戴劳动保护用品；

（2）工用具、材料准备：手电筒。

操作程序：

（1）引风机启动前的检查。

① 检查引风机工作电源已投入；

② 引风机挡板执行器好用；

③ 检查引风机润滑油；

④ 检查引风机冷却水；

⑤ 待值班员汇报后方能启动。

（2）启动引风机。

① 检查入口挡板全关；

② 通知电工，准备启动引风机；

③ 合闸后，记下电流返回时间；

④ 20s 不返回，立即停止。

（3）启动后开入口挡板，调节风压，检查电动机轴承有无过热。

（4）填写相关记录。

操作安全提示：

（1）按照检查项目检查；

（2）发现设备缺陷及时汇报处理。

24. 启动送风机。

准备工作：

（1） 正确穿戴劳动保护用品；

（2） 工用具、材料准备：手电筒。

操作程序：

（1） 送风机启动前的检查。

① 检查送风机工作电源已投入；

② 检查入口挡板操作器好用；

③ 检查送风机润滑油；

④ 检查送风机冷却水；

⑤ 待值班员汇报后方能启动。

（2） 启动引风机。

① 检查送风机入口挡板全关；

② 通知电工，准备启动送风机；

③ 合闸后，电流 20s 返回，不返回立即停止。

（3） 开风机入口挡板，调节风压，启动后检查送风机轴承有无过热。

（4） 填写相关记录。

操作安全提示：

（1） 按照检查项目检查；

（2） 发现设备缺陷及时汇报处理。

25. 过热器反冲洗。

准备工作：

（1） 正确穿戴劳动保护用品；

（2） 工用具、材料准备：手电筒、F 形扳手 1 把。

操作程序：

（1） 过热器反冲洗前的检查准备。

① 通知汽轮机关电动主闸门，开阀门后疏水；

② 通知汽轮机关闭Ⅰ、Ⅱ级旁路；

③ 通知检修工将反冲洗堵板死堵换成活堵；

④ 锅炉内充满水；

⑤ 锅炉所有阀门关闭；

⑥ 冲洗水温保持在70℃以下。

(2) 反冲洗程序。

① 开启过热器反冲洗阀门；

② 关闭除氧器水阀门；

③ 启动疏水泵向锅炉上水；

④ 开事故放水，控制汽包水位；

⑤ 通知化验员取样分析水质，待合格后结束；

⑥ 关闭过热器反冲洗门，停止疏水泵，开启除氧器水阀门。

(3) 通知检修工将冲洗堵板活堵换成死堵。

(4) 填写相关记录。

操作安全提示：

(1) 按照检查项目检查；

(2) 发现设备缺陷及时汇报处理。

26. 停止制粉系统。

准备工作：

(1) 正确穿戴劳动保护用品；

(2) 工用具、材料准备：手电筒、F形扳手1把。

操作程序：

(1) 检查回粉管，如有积粉将其放净，制粉系统各风门、挡板操作灵活，方向正确；

(2) 逐渐减少给煤量，根据其工况调整其他制粉出力，给煤量减至零时切断联锁开关，停运给煤机；

（3）关闭热风门，开冷风门，降低磨煤机内温度进行抽粉，待煤粉抽净，停止磨煤机；

（4）关二次风挡板，留20%开度，30min之后关闭一次风挡板冷风门，通知燃料集控室停该制粉系统；

（5）注意巡视磨煤机出口温度，防止煤粉自燃；

（6）填写相关记录。

操作安全提示：

（1）按照检查项目检查；

（2）发现设备缺陷及时汇报处理。

27．启动制粉系统。

准备工作：

（1）正确穿戴劳动保护用品；

（2）工用具、材料准备：手电筒、F形扳手1把。

操作程序：

（1）系统各风门、挡板操纵灵活，方向正确，且处于关闭状态，给煤机合乎启动要求，回粉管内无杂物和积粉，磨煤机已送电；

（2）开启一次风挡板，视情况投入对应油枪，通知电工磨煤机合闸，监视启动电流，如果启动时风压变化，电流90s不返回，应立即停止运行，磨煤机值班员就地监视10s，若无初转数，可用事故按钮停止；

（3）开启热风门暖磨煤机，开启二次风挡板，磨煤机出口温度在80℃以上时，启动给煤机，投入制粉联锁；

（4）根据工况调整给煤量，保持风量使出口温度在110～130℃；

（5）通知燃料集控室注意煤斗存煤量；

(6) 填写相关记录。

操作安全提示：

(1) 按照检查项目检查；

(2) 发现设备缺陷及时汇报处理。

28. 紧急停炉。

准备工作：

(1) 正确穿戴劳动保护用品；

(2) 工用具、材料准备：手电筒、F形扳手1把、手套1副。

操作程序：

(1) 停给煤机、磨煤机；

(2) 立即关闭燃油速断阀，关油枪一、二阀门，关一次风挡板；

(3) 联系汽轮机值班员关闭电动主闸门，联系汽轮机值班员投入Ⅰ、Ⅱ级旁路；

(4) 停止送风机，保留一台引风机，通风10min后停止；

(5) 切断给水管路，保持锅炉水位，停止供水时，开省煤器再循环阀门；

(6) 解列减温器；

(7) 关各系统风门挡板。

(8) 填写相关记录。

操作安全提示：

(1) 按照检查项目检查；

(2) 发现设备缺陷及时汇报处理。

29. 热态滑参数启炉。

准备工作：

(1) 正确穿戴劳动保护用品；

（2）工用具、材料准备：手电筒、F形扳手1把。

操作程序：

（1）汽轮机高压缸缸上、缸内壁的温度为150℃以上。

（2）快速点火，升温升压参照冷态进行。

（3）汽轮机冲转条件。

① 过热蒸汽温度高于汽轮机高压缸缸上、缸内壁的温度50～100℃；

② 主蒸汽具有50℃以上的过热度。

（4）汽轮机冲转后，锅炉应该按汽轮机要求升温、升压，尽快并网带负荷，当机组负荷加到冷态启动的汽缸对应工况时，按冷态启动方法加满负荷。

（5）填写相关记录。

操作安全提示：

（1）按照检查项目检查；

（2）发现设备缺陷及时汇报处理。

（二）常见故障判断处理

1. 锅炉满水故障有什么现象？故障原因是什么？如何处理？

故障现象：

（1）汽包水位高于规定的正常水位；

（2）水位高信号灯亮，音响报警；

（3）给水流量不正常地大于蒸汽流量；

（4）严重满水时过热蒸汽温度下降；

（5）严重满水时，蒸汽管道内发生水冲击，法兰处向外冒汽。

故障原因：

(1) 运行人员对水位监视不够或误操作；

(2) 给水自动调节器动作失灵，没有及时发现处理；

(3) 给水调整系统故障；

(4) 水位计指示不正确，使运行人员操作错误；

(5) 锅炉灭火或负荷突减、运行人员没有及时发现和处理。

处理方法：

(1) 进行汽包各水位计对照，以检查其指示是否正确；

(2) 给水调节自动改为手动调整；

(3) 如经上述方法处理后水位仍上升，水位超过+100mm时，应开启事故放水阀门或定期排污阀门；

(4) 因水位高引起汽温下降，低于510℃时，开启过热器疏水阀门，当汽温恢复时关闭；

(5) 当管道内发生水冲击，法兰处向外冒汽时，通知汽机班长开启汽机侧主汽阀门前疏水；

(6) 如汽包内水位已超过汽包水位计上部可见水位时，应立即停炉。

2. 锅炉缺水故障有什么现象？故障原因是什么？如何处理？

故障现象：

(1) 汽包内的水位低于规定的正常水位；

(2) 发生低水位信号，铃响；

(3) 给水流量不正常地小于蒸汽流量（水冷壁管或省煤器管爆破时则现象相反）；

(4) 所有水位表指示不正常向负的方向增大；

(5) 严重减水时过热蒸汽温度升高。

故障原因：

（1）运行人员疏忽大意，对水位监视不够或操作错误；

（2）给水自动调整器动作失灵或给水阀门失灵；

（3）水位计指示不正确，使运行人员误操作；

（4）给水管路、给水泵发生故障或锅炉负荷增加，未及时联系汽机启动给水泵，以至给水压力下降；

（5）锅炉排汽阀门漏或排污时没有与司炉联系；

（6）水冷壁管或省煤器管爆破。

处理方法：

（1）进行汽包各水位计的对照与冲洗，以检查其指示是否正确；

（2）给水调整阀门由自动改为手动；

（3）若给水压力低时通知汽机启动备用给水泵；

（4）如经上述方法处理后，汽包水位仍然很低时，应关闭锅炉所有的放水阀门，并检查各放水阀门，炉管及给水管路，如果发现有损坏的地方大量漏水时，应报告值长，并停止锅炉运行；

（5）如果采取恢复水位的措施后，汽包水位仍继续下降并达到最低允许水位时，应报告值长并降低锅炉负荷；

（6）如果水位继续降低，而且低于汽包最低可见水位时，应立即停止锅炉的运行；

（7）停炉后，严禁上水和开省煤器再循环阀门；

（8）对于严重减水停止的锅炉其处理应由总工程师决定。

3. 汽水共腾故障有什么现象？故障原因是什么？如何处理？

故障现象：

（1）汽包水位急剧波动，看不清水位；

（2）汽水共腾严重时管道发生冲击或法兰处向外冒汽；

（3）饱和蒸汽含盐量增大；

（4）蒸汽温度下降。

故障原因：

（1）锅炉水质不合格，加药过多或未按规定加药；

（2）负荷突增或带负荷太快；

（3）汽水分离装置损坏。

处理方法：

（1）开大连排、停止加药、开启过热器疏水，必要时开事故放水；

（2）解列给水自动，开事故放水阀门或定期排污，适当降低锅炉水位保持-50mm；

（3）联系邻炉、汇报值长降低或稳定负荷，监视汽温，关小或关死减温水；

（4）通知化学，采取措施加强取样分析，尽快改善炉水品质；

（5）炉水品质未改善前，应降低或稳定负荷，不允许加负荷。

4. 水冷壁管损坏故障有什么现象？故障原因是什么？如何处理？

故障现象：

（1）汽包水位偏低，严重时水位急剧下降，给水流量不正常地大于蒸汽流量，汽温、汽压、给水压力下降；

(2) 炉膛负压变正，若负压投自动则吸风机电流增大，漏泄严重时从检查孔、人孔门、炉墙等不严密处向外喷烟气和水蒸汽，并能听到漏泄声；

(3) 各段烟温下降，燃烧不稳、火焰发暗，严重时锅炉灭火。

故障原因：

(1) 给水、炉水质量不合格，使管内结垢、腐蚀；

(2) 燃烧方式不合理，点火方式不正确，长期低负荷运行，锅炉结渣，停炉过快等原因使水冷壁受热不均造成水循环破坏；

(3) 管内有杂物堵塞使管壁过热；

(4) 焊接质量不佳，管材不合格；

(5) 个别管被煤粉、飞灰磨损、吹灰水使管子产生热疲劳或吹损减薄；

(6) 大块焦渣耐火砖等杂物脱落，将水冷壁管砸坏；

(7) 水冷壁支、吊架及膨胀装置安装不合理被卡住，使膨胀受到阻碍；

(8) 锅炉严重缺水使管子过热爆破；

(9) 冷灰斗积灰到水冷壁管。

处理方法：

(1) 当水冷壁管漏泄不严重尚能维持正常水位时，可降压低负荷运行，汇报值长请示停炉；

(2) 水冷壁管爆破不能维持正常水位时，应立即停炉，停炉后继续加强上水，但补水时间不宜过长，以免汽包上、下壁温差大，若大量补水，水位仍不能回升或影响运行炉上水时停止上水，禁止开启省煤器再循环阀门；

(3) 停炉后保留一台吸风机运行，排除炉内烟气和蒸汽后停止吸风机运行并通知除尘停止除尘器运行。

5. 省煤器漏泄故障有什么现象？故障原因是什么？如何处理？

故障现象：

（1）给水流量不正常大于蒸汽流量，严重时汽包水位下降；

（2）省煤器附近有异常响声；

（3）排烟温度降低，两侧烟温差、风温差增大；

（4）炉墙漏风处、省煤器落灰管预热器下部水平烟道清灰孔、取样处向外冒汽、冒水；

（5）炉膛负压减小，吸风机电流增大。

故障原因：

（1）给水品质不合格，造成管内结垢腐蚀；

（2）给水压力、温度和流量变化太大，使管子产生不正常应力；

（3）材料和焊接质量不好，飞灰磨损；

（4）锅炉停止给水时，未开再循环阀门；

（5）备用保养时，上水温度高，速度太快，造成水冲击；

（6）管内有杂物堵塞及烟道再燃烧，使管壁过热。

处理方法：

（1）省煤器管轻微漏泄时，应加强给水，维持正常水位，报告值长联系运行炉，适当降低本炉负荷，请示总工程师确定停炉时间；

（2）爆破严重时，不能维持正常水位，且影响运行炉给水，立即停炉；

（3）停炉后，保留一台吸风机，禁止开省煤器再循环阀门，关闭所有放水阀门；

（4）如耗水量过大，锅炉补水可用定排反冲洗进行。

6. 过热器管损坏故障有什么现象？故障原因是什么？如何处理？

故障现象：

（1）过热器附近有异常响声；

（2）给水流量不正常地大于蒸汽流量；

（3）从炉膛、烟道不严密处向外冒蒸汽或烟气；

（4）过热器爆破处的后部烟气温度下降，排烟温度下降；

（5）汽压下降；

（6）炉膛负压变正，吸风机电流增大。

故障原因：

（1）蒸汽品质不合格，管内结垢腐蚀；

（2）材料和焊接不好，管内被杂物堵塞；

（3）燃烧调整不当，火焰偏斜或过长，使部分管子长时间超温；

（4）由于运行工况和煤种变化引起蒸汽温度升高，而未及时调整处理使过热器管温度超过极限损坏；

（5）启炉、停炉过程中对过热器保护不当；

（6）水冷壁及过热器堵灰及结焦；

（7）低负荷运行时，减温水调整不当，使过热器内发生水塞，造成局部过热；

（8）汽压波动大。

处理方法：

过热器管爆破如不能维持汽压和水位时应立即停炉，防止从爆破过热器中喷出蒸汽冲坏其他过热器管，避免扩大事故。

7. 锅炉灭火故障有什么现象？故障原因是什么？如何处理？

故障现象：

（1）炉膛负压增大，一、二次风量降低，锅炉灭火保护装置 FSSS-400 Ⅱ 动作，发出灭火信号，磨煤机、给煤机全部跳闸；

（2）炉内发黑，由看火孔看不到火，火焰监视器指示变暗或无法指示；

（3）汽温、汽压迅速下降，泡包水位先下降后上升；

（4）一、二次风压减小后，当炉膛负压返回时，会出现不正常平衡现象。

故障原因：

（1）吸、送风机跳闸或入口挡板损坏、部分磨煤机或给煤机跳闸（如两台吸风机运行吸风机跳闸除外）；

（2）断煤或制粉系统其他故障未及时调整和处理；

（3）低负荷运行时，炉温低、着火不良，调整不及时；

（4）炉膛漏风严重，负压过大及除灰操作不当，漏入大量冷风，除灰时间过长；

（5）厂用电系统故障造成厂用电中断；

（6）煤质低劣，煤种突变、挥发分过低或煤粉细度不合格及磨煤机出口温度保持偏低，风扇磨出力不足引起炉膛燃烧不稳，热工的负压保护动作；

（7）一、二次风过大、过小或配合不当，使燃烧变化；

（8）负荷变化调整不及时；

（9）水冷壁管爆破；

（10）制粉系统启停时操作不当，灭火保护误动，造成锅炉灭火；

(11) 全燃油时，油管道供油中断，燃油速断阀误动，油中大量含水或杂质过多，燃油系统故障。

处理方法：

(1) 锅炉灭火后，严禁投油和继续投粉，立即停止给煤机、磨煤机，关闭燃油速断阀关一次风挡板禁止向炉内供应燃料；

(2) 立即解列油枪，停止给煤机关闭煤斗插板。停止磨煤机关闭入口热风口，加大炉膛负压，通风 3~5min 以排除炉膛和烟道的可燃物；

(3) 解列所有自动，注意控制总历史趋势显示；

(4) 联系值长、汽机、电气及运行炉；

(5) 保护汽包正常水位，及时关闭减温水以维持汽温；

(6) 维持正常炉膛负压，用油枪点火点不着时继续通风，如果处理时间不长，在磨煤机还有惰走的情况下，尽量早一点启动磨煤机，如磨煤机满煤，则应启备用磨，由检修人员进行掏粉，否则不能恢复运行时，则按事故停炉处理；

(7) 如造成灭火原因不能在短时间内查明、消除或锅炉损坏严重不能恢复运行时，则按事故停炉处理；

(8) 如灭火后发现不及时或处理不当造成煤粉爆炸时，除做以上工作外，还应检查有无损坏设备，并将打开的防爆门、灰斗、本体入孔门、检查孔恢复正常；

(9) 严禁关小风门继续供给燃料，严禁以爆燃方式恢复着火；

(10) 进行通风点火，恢复正常运行；

(11) 点火后，从看火孔及检查孔处检查水冷壁有无管子弯曲、漏水、检查炉墙损坏情况，注意后部烟道中烟温度变化，发现异常及时处理；

(12) 如果FSSS-400Ⅱ保护动作严格按规程操作执行。

8. 烟道再燃烧故障有什么现象？故障原因是什么？如何处理？

故障现象：

(1) 烟气及排烟温度不正常地升高；

(2) 炉膛负压变小，变正或剧烈变化；

(3) 在着火区内，工作介质温度、烟气温度及管壁温度不正常升高；

(4) 烟囱冒黑烟含氧量下降；

(5) 烟道防爆门鼓起或动作；

(6) 严重时，从烟道入孔门及吸风机轴封处或不平处冒烟和火星；

(7) 热风温度不正常地升高。

故障原因：

(1) 运行中燃烧调整不当、风量不足、煤粉过粗或负压过大造成未燃尽的可燃物进入烟道而继续燃烧；

(2) 长期低负荷运行，空气预热器及烟道大量漏风，烟速过低，使烟道内积有大量煤粉；

(3) 点火初期，风、煤、油配比不当或投入过多的煤粉，燃烧不完全；

(4) 锅炉灭火后，未能及时停止燃料进行炉膛，点火前未彻底通风；

(5) 锅炉长期缺风进行；

(6) 未按规定进行吹灰，造成积存过多可燃物。

处理方法：

(1) 烟温不正常升高时，立即查明原因，同时进行吹灰及时处理；

（2）当排烟温度达 250℃时，则紧急停炉报告值长和分厂主任；

（3）严密关闭吸送风机挡板及检查孔等进行密闭冷却；

（4）当各部烟道正常时，谨慎打开入孔检查门，检查确无继续燃烧的煤粉时，启动吸风机通风 5min 用油枪点燃恢复运行。

9. 突甩负荷故障有什么现象？故障原因是什么？如何处理？

故障现象：

（1）光字牌发出"压力高"信号，汽压急剧上升，发现不及时安全阀门动作，CRT 画面强制报警显示；

（2）蒸汽流量降低或零；

（3）水位先降低后上升，给水自动时，给水流量瞬间增大，然后降低。

故障原因：

（1）电气系统发生故障；

（2）发电机保护动作；

（3）汽温汽压超过或低于规定值，汽机打闸；

（4）汽机保护动作；

（5）汽机主汽门调速汽阀门自行关闭。

处理方法：

（1）汽压升高时，监视蒸汽流量的变化情况；

（2）投入油枪根据甩负荷幅度，停止部分或全部给煤机注意燃烧稳定，维持正常的炉膛负压，减少送风量，保持正常氧量；

（3）解列给水自动，关小给水保持汽包正常水位。注意蒸汽温度变化，关小至全部关闭减温水；

(4) 压力升高至安全门动作压力，安全门动作后，压力降到工作压力时仍不回座，可利用手操作开关强制拉回。无效时，可解列并向值长、部工程师汇报；

(5) 联系汽机、电气及时处理并做恢复工作；

(6) 短时间内恢复不了，可根据情况停一台或全部磨，维持温度压力正常，等待恢复；

(7) 因故障无法恢复时，请示值长同意锅炉即可熄火停炉。

10. 吸风机跳闸故障有什么现象？如何处理？

故障现象：

(1) 吸风机电流指示到零，红灯灭、绿灯亮；

(2) 两台吸风机运行，一台吸风机跳闸时炉膛负压变正、向外冒火冒烟；

(3) 如两台吸风机同时跳闸只有一台运行而跳闸时如锅炉联锁投入，锅炉灭火保护动作。

处理方法：

(1) 一台吸风机跳时，无电流增大和机械部分损坏时立即抢送，如抢送不上，汇报值长，降低负荷，全关故障吸风机侧入口挡板，开大运行风机入口挡板，保持燃烧稳定和炉膛正常负压，注意含氧量，查明原因汇报值长和分厂主任；

(2) 一台吸风机检修，一台吸风机运行或两台吸风机同时跳闸。应立即抢送，抢送不上，不论联锁动作与否，将所有开关拉到停止位置，查明原因并做好恢复准备，如在短时间内不能恢复，则按事故停炉处理；

(3) 如一台吸风机运行，另一台备用，在运行吸风机跳闸时，应迅速启动备用吸风机，并将联锁跳闸的转机的开关拉到停止位置，关闭吸风机入口挡板，然后按顺序启动其他转机及锅炉点火，恢复锅炉的正常运行；

（4）无备用吸风机处理方法同两台吸风机跳闸时相同。

11. 送风机跳闸故障有什么现象？如何处理？

故障现象：

（1）送风机电流指示为零，红灯灭、绿灯亮；

（2）两台送风机运行，一台跳闸，炉膛负压增大或锅炉灭火，灭火保护动作，汽温汽压迅速下降总风压及一、二次风压降低；

（3）两台送风机同时跳闸或只有一台送风机运行跳闸，磨煤机给煤机联锁动作，总风压及一、二次风压到零，锅炉灭火保护动作。

处理方法：

（1）一台送风机跳闸，无电流增大和机械部分损坏时，应立即抢送，如抢送不上，应关小吸风机挡板，维持炉膛负压并迅速开大另一台送风机挡板，以增加风量，关闭故障风机入口挡板同时减小给煤量，停止部分或全部给煤机，调整燃烧，必要时投油枪助燃，根据风量带负荷；

（2）当一台送风机运行一台备用时跳闸后，应抢送，抢送不上，启动备用风要，恢复锅炉运行；

（3）当一台送风机检修，一台送风机运行跳闸或两台送风机同时跳闸时，如抢送不上，不论联锁动作与否，应将给煤机、磨煤机开关拉回停止位置，查明原因后可重新点火，汇报值长、分厂主任。

12. 锅炉6000V厂用电电源中断故障有什么现象？如何处理？

故障现象：

（1）照明熄灭，事故照明投入，电压、电流为零，磨煤机停运，吸、送风机停运；

（2）显示设备运行、停止的红、绿指示灯没有变化；

（3）锅炉灭火，炉膛发暗；

（4）盘上除安全阀门电源、就地压力表、风压表、机械水位表好用，其他表计均失去电源指示，计算机有电；

（5）锅炉水位、汽温、汽压下降。

处理方法：

（1）立即将电动机操作开关拉回停止位置；

（2）如厂用电中断，备用电源未能自动投入各风门电动阀门已无电源，应手动关闭吸、送风机入口挡板；

（3）关闭减温水保持汽温手动关闭给水阀门保持汽包水位；

（4）注意检查各转机，做好启动前准备；

（5）在电源未恢复之前，按锅炉灭火处理；

（6）汇报值长，要求电气尽快恢复电源并做好磨煤机掏粉工作，恢复准备锅炉点火；

（7）若长时间不能恢复电源时，关闭锅炉所有取样阀门、排污阀门手动开启省煤器再循环阀门，如需上水鉴定水位，确定水位计内仍有水时方可上水，否则应请示总工程师决定（如缺水时不能开再循环阀门）。

13. 锅炉380V厂用电电源中断故障有什么现象？如何处理？

故障现象：

（1）电流表电压表指示为零，运行的给煤机和捞渣机、碎渣机、探头冷却风机、冷烟风机停止转动；

（2）除弹簧管压力表、风压表、机械水位计外，其他各表计失灵，电阻温度有指示；

(3) 各电动阀门、调整阀门及挡板不能远方操作；

(4) 一般照明灯灭，事故照明灯亮；

(5) 锅炉灭火，炉膛发暗；

(6) 汽温、汽压、水位急剧下降。

处理方法：

(1) 切除所有自动、汇报值长；

(2) 锅炉灭火，按灭火处理；

(3) 电动阀门、调整阀门及挡板就地手动操作；

(4) 联系电气迅速恢复电源；

(5) 各转机应处于随时启动状态，做好重新点火的准备工作。

14. 锅炉热控及仪表电源中断故障有什么现象？如何处理？

故障现象：

(1) CRT 画面恢复到原始画面，蒸汽流量、给水流量指示回零；

(2) 电接点水位计灯灭；

(3) 电阻温度指示回零；

(4) 灭火保护装置火焰监视灯灭；

(5) 锅炉可能燃烧不稳，甚至灭火。

处理方法：

(1) 工作电源中断，备用电源应自动投入运行；

(2) 立即通知热工人员处理；

(3) 报告值长、班长保持负荷稳定；

(4) 参照其他电气仪表维持运行；

(5) 长时间恢复不了，请示值长停炉。

15. 锅炉热工灭火保护动作故障有什么现象？故障原因是什么？如何处理？

故障现象：

（1）动作磨煤机及给煤机全部跳闸，红灯灭，绿灯亮；

（2）灭火保护 FSSS-400 Ⅱ上的故障音响鸣叫；

（3）汽温、汽压迅速下降，水位先下降后上升。

故障原因：

（1）煤质突变或磨煤机不回粉，低负荷运行调整不当；

（2）给煤或制粉系统故障或吸送风机故障；

（3）热工火焰监测探头处结焦严重；

（4）热工灭火保护装置误动。

处理方法：

（1）保护动作后，如锅炉未灭火，且磨煤机惰走时应立即投没稳燃按照热工装置规定操作后，迅速抢送磨煤机；

（2）如炉膛灭火，按炉膛灭火处理。

16. 给煤中断故障有什么现象？故障原因是什么？如何处理？

故障现象：

（1）给煤机跳闸，CRT 画面显示，给煤机跳闸信号或报警信号。给煤机反馈值回零。

（2）磨煤机出口风压高、出口温度高，磨煤机电流减小。磨煤机出口挡板联动保护投入时，磨煤机出口挡板关闭。

（3）燃烧不稳定炉膛负压摆动大。

（4）若电负荷未降，则汽温汽压迅速下降。

故障原因：

（1）给煤机过电流保险熔断电气部件故障引起跳闸；

(2) 原煤湿造成棚煤；

(3) 原煤斗烧空未及时上煤；

(4) 被"四块"（铁块、石块、木块、煤块）及杂物卡住，落煤管堵塞。

处理方法：

(1) 如给煤机跳闸或电气部分故障，应立即联系检修人员和电气检修人员，在保证机组安全运行前提下查明原因及时处理；

(2) 加大其他运行磨煤机的给煤量，燃烧不稳定时立即投入油枪，减少故障磨煤机的风量；

(3) 取出给煤机内的四块及杂物或将原煤捅下，如原煤斗棚住，放空气炮，将煤振落，如煤斗烧空应通知燃料上煤；

(4) 根据情况，适当降低负荷，保持汽温、汽压、水位正常，防止磨煤机出口温度超极限；

(5) 若短期不能消除时，应启备用磨煤机，停止故障磨煤机并将情况汇报分厂及有关领导。

17. 磨煤机满煤故障有什么现象？故障原因是什么？如何处理？

故障现象：

(1) 磨煤机电流摆动大，严重时磨煤机停止转动，甚至引起跳闸，如保护失灵可能造成电动机烧坏；

(2) 磨煤机入口负压变正，出口风压变小，出口温度降低；

(3) 从磨煤机轴封等处向外冒粉；

(4) 燃烧，汽温、汽压不稳。

故障原因：

(1) 给煤量过多或分离器回粉不正常；

(2) 落煤管积煤并大量脱落；

(3) 分离器、回粉管堵塞时处理不当，至使大量积粉突然进入磨煤机；

(4) 原煤湿，出口温度低，通风量小或煤质变化；

(5) 分离器挡板及风门开得过小或挡板调整失灵；

(6) 磨煤机打击板及护板磨损严重出力不足。

处理方法：

(1) 减小或停止给煤，适当提高磨煤机风量，提高磨煤机出口温度，检查系统及各风门；

(2) 处理回粉管堵塞时，必须和司炉联系，提高送风风压、停止给煤机，根据磨煤机电流，开大热风门保持磨煤机出口风压到最大时有摆动；

(3) 燃烧不好时，可投油并加强对汽温、汽压、水位的调整；

(4) 磨煤机电流超过100A以上，90s不返回，应立即停止磨煤机，如无备用磨，且当时不启磨即将造成事故时，在磨仍有惰走的情况下（又无明显故障时），可再启动一次；

(5) 磨煤机跳闸或紧急停止后的启动，必须检查无积煤、积粉后方可启动，否则应进行掏粉；

(6) 满煤过程中，只能增加风量，不能减少风量。

18. 磨煤机跳闸故障有什么现象？故障原因是什么？如何处理？

故障现象：

(1) 红灯灭，绿灯亮，电流回零，给煤机联锁跳闸，

CRT控制画面报警显示；

（2）炉膛负压增大，燃烧不稳，甚至引起灭火；

（3）若负荷未减，汽温、汽压下降；

（4）相应给煤机跳闸，红灯灭，绿灯亮；

（5）磨煤机出口一次风压下降。

故障原因：

（1）电气或机械部分故障或过流造成磨煤机跳闸；

（2）电源消失或开关误动；

（3）各种原因致使紧急使用或误动事故按钮；

（4）轴承温度高，超过规定值。

处理方法：

（1）拉回跳闸磨煤机、给煤机开关，置于停止位置，跳闸前无明显机械部分损坏或电流增大，应抢送一次；

（2）如抢送成功应恢复运行，否则将开关拉回停止位置，关闭热风门，必要时投入油枪；

（3）增加运行磨煤机给煤量或启备用磨，注意汽温、汽压、水位的变化；

（4）联系有关人员查找原因及时处理；

（5）若无油枪运行时，全部运行的磨煤机跳闸，应按锅炉灭火处理。

19. 制粉系统着火爆炸故障有什么现象？故障原因是什么？如何处理？

故障现象：

（1）磨出口温度急剧上升，并有焦糊味，CRT控制画面有报警显示；

（2）磨分离器一次风管局部烧红；

（3）炉膛负压变正，燃不稳；

(4) 从磨分离器小门,一次风管道伸缩节,法兰向外漏粉、喷火。

故障原因:

(1) 磨分离器内积粉自燃;
(2) 煤中有易燃物和爆炸物;
(3) 磨出口温度控制过高,且回粉不好;
(4) 煤的挥发分大、水分小、煤粉过细;
(5) 局部自燃或着火处理不当引起爆炸;
(6) 外来火源引起着火爆炸。

处理方法:

(1) 如运行磨局部轻微着火,可加大给煤降低磨出口温度运行,如磨出口温度迅速上升,磨分离器内着火严重,有烧红迹象时,应立即停止给煤密闭,将磨及分离器内存粉打后,停磨密闭降温;

(2) 如备用磨分离器着火,应立即密闭,启磨煤机,将着火存粉打入炉膛,确认存粉干净后停磨冷却;

(3) 损坏的设备联系检修处理。

参考文献

[1] 马明驰,曾建军,李宁. 锅炉设备运行技术问答. 北京:中国电力出版社,2004.
[2] 樊泉桂,魏铁铮,王军. 火电厂锅炉设备及运行. 北京:中国电力出版社,2001.
[3] 张永涛. 锅炉设备及系统. 北京:中国电力出版社,2004.
[4] 孙祖岭,刘志华,孙金瑜. 锅炉运行值班员. 东营:中国石油大学出版社,2005.